U0158931

有源配电网
调度管理制度汇编

国家电力调度控制中心　组编

中国电力出版社
CHINA ELECTRIC POWER PRESS

图书在版编目（CIP）数据

有源配电网调度管理制度汇编/国家电力调度控制中心组编.—北京：中国电力出版社，2022.7

ISBN 978-7-5198-6899-4

I.①有… Ⅱ.①国… Ⅲ.①配电系统—电力系统调度—管理规程 Ⅳ.① TM73-65

中国版本图书馆 CIP 数据核字（2022）第 117776 号

出版发行：中国电力出版社
地　　址：北京市东城区北京站西街 19 号（邮政编码 100005）
网　　址：http://www.cepp.sgcc.com.cn
责任编辑：陈　倩（010-63412512）
责任校对：黄　蓓　王海南
装帧设计：赵丽媛
责任印制：石　雷

印　　刷：三河市万龙印装有限公司
版　　次：2022 年 7 月第一版
印　　次：2022 年 7 月北京第一次印刷
开　　本：880 毫米 ×1230 毫米　32 开本
印　　张：5.875
字　　数：166 千字
印　　数：00001—20000 册
定　　价：20.00 元

编 委 会

主　任　李明杰　董　昱

副主任　舒治淮

委　员　周　济　伦　涛

编 写 组

主　编　周　济

副主编　李　晨

参　编　韩思维　杨　艳　刘淑春　荆江平

　　　　高　军　赵瑞娜　袁　森　杨梓俊

　　　　殷自力　王国栋　党莱特　王国鹏

　　　　杨东赞　朱亦可　赵力思

前　言

为适应新型电力系统有源配电网发展，进一步规范有源配电网调度运行管理，保障电力系统安全稳定运行，国家电力调度控制中心立足实际工作需要，经过全面收集，梳理了自 2015 年以来与有源配电网调度管理相关的制度及标准，汇编成《有源配电网调度管理制度汇编》。

《有源配电网调度管理制度汇编》涵盖了有源配电网系统建设、接入及运行管理共计 15 项相关规章制度及规程规范，明确了具体内容、职责分工、业务流程，对提升配电网运行及管理水平具有指导作用，可作为电网企业配电网调度运行及专业管理人员的参考用书，也可供电网企业从事电网规划建设、自动化管理、网源协调管理、配电网运行维护等相关人员参考。

编　者

2022 年 4 月

目 录

国调中心关于进一步加强有源配电网
调度管理的通知

（调技〔2021〕39号）

各省（自治区、直辖市）电力公司，南瑞集团，中国电科院，国网经研院：

　　为适应新型电力系统建设背景下有源配电网发展形势，保障配电网安全运行、可靠供电、服务分布式电源大规模并网，实现配电网运行安全可控、源网荷储高效互动、调度管理进一步精益化，现对有源配电网调度管理提出以下工作要求：

一、充分认识有源配电网调度管理工作的重要性

　　在服务国家"双碳"战略目标，推进构建以新能源为主体的新型电力系统进程中，电网形态和运行特性将发生重大变化，其中配电网的变化最为突出，配电网高比例、大范围的有源化将深刻影响各级电网运行管理，地、县（配）调的运行管理面临着巨大挑战，在"十四五"开局之年亟需对配电网的调度管理工作进行前瞻性布局和规范性管理，全面加强有源配电网调度管理已经迫在眉睫。

　　面对新形势、新挑战和新要求，建设新型有源配电网调度管理体系，是适应分布式电源发展、构建新型电力系统的必然要求，国调中心扎实落实公司《国家电网有限公司构建以新能源为主体的新型电力系统行动方案（2021～2030年）》文件中有源配电网调度管理有关要求，并努力做好"十四五"调控规划有源配电网调度管理突破。各单位要统一思想认识，高度重视有源配电网调度管理工作，深入分析配电网调度在技术支撑、业务模式、队伍建设等方面存在的不足，落实重点工作任务，全面加强配电网调度管理，强化支撑手段和人才队伍建设，推进构建新型有源配电网调度模式，全力提升地、县（配）调

配电网运行控制能力和供电保障能力。

二、工作思路目标

（一）工作思路

以公司战略目标为统领，贯彻落实"一体四翼"发展布局，坚持高质量发展理念，坚持绿色、低碳、安全、高效发展要求，主动适应新业态、新模式、新技术发展，全力提升配电网运行管理和技术基础，探索创新技术手段和管理模式，全面加强有源配电网调度管理，推进构建"全景感知、柔性控制、主配协同"的新型有源配电网调度体系，更好服务国家"双碳"目标实现。

（二）工作目标

全面实施用电信息采集及各类终端信息接入配网调度技术支持系统，提升配电网运行透明化水平，"十四五"末不低于95%；全面实现10千伏分布式电源可观、可测、可调、可控，低压分布式电源可观、可测，试点实现相应台区可调、可控；主配网运行更加协同、高效，电网平衡调节和源网荷储协同控制能力显著提升；应对重大自然灾害等突发事件应急处置能力大幅提高；地、县（配）调业务实现全面转型升级，调度管理体系更加健全。

三、工作重点

（一）提升配电网透明化水平

（1）夯实配电网运行支撑基础。加快推进地、县（配）调调度技术支持系统主配一体功能建设及应用，持续深入开展配电网图模建设，实现配电网调管设备图模100%全覆盖；建立配电网调度、设备、营销专业基础数据治理协同工作机制，主动开展应用分析，闭环完善数据治理流程，通过应用倒逼基础数据质量持续提升；深化配电网设备异动管理机制，强化图模调度应用，确保配电网"图物一致、状态相符"。

（2）提升配电网设备感知能力。全力推进用电信息采集、各类终

2

端信息等接入调度技术支持系统，2022年公司系统配电网有效感知率不低于70%，"十四五"末配电网有效感知率不低于95%。中压配电网设备运行信息可探索从配电自动化系统转发至调度技术支持系统；配电变压器及低压分布式电源信息通过用电信息采集系统转发或智能终端接入调度技术支持系统；其他多元调度对象通过有线或无线形式接入调度技术支持系统，实现配电网透明化。

（3）提升分布式电源观测和调控能力。探索推动10~35千伏分布式电源及储能信息通过光纤通信接入调度技术支持系统，实现并网运行信息实时观测，具备接收、执行调度端远方控制指令等能力。结合HPLC改造拓展智能电表应用，在渗透率较高的地区对具备条件的低压分布式电源台区实现部分可观、可测、可调、可控。

（二）提升配电网运行控制能力

（1）全面开展地区电力平衡业务。加强分布式电源运行监视，试点推进分布式电源网格化管理，常态化开展分布式电源可接入能力评估管理；利用需求侧响应与电网调节相适应的市场机制，引导电网潮流与分布式电源发电出力合理分布，将分布式电源纳入电力平衡统一管理。

（2）探索建立分布式电源调控模式。将分布式电源有功、无功控制纳入地区电网统一调度管理，推动10千伏及以上分布式电源与集中式电源同质化管理，研究不同应用场景下分布式电源群控群调控制策略；研究建立高比例低压分布式电源配电网管控模式，开展地县调配电网和分布式电源调度网格化管理试点，试点"台区统一调度、台区内自治"的低压分布式电源调度管理模式。

（3）提升配电网负荷预测水平。在分布式电源高比例并网地区建设布局合理的气象资源监测终端，加强网格化数值天气预报应用，提升气象监测数据质量。提升分布式电源功率预测水平，开展基于"气象资源数值化＋历史负荷波动性"的分布式电源功率预测。建立配电网负荷全景预测体系，融合多元数据，利用人工智能、大数据等技术，提升分母线负荷预测水平。

（4）提升配电网调度智能化水平。全面推进配电网调度网络化下令手段建设，实现调度指令票智能生成、网络化下达等功能，2022年覆盖率不低于60%，2023年覆盖率不低于80%，力争"十四五"末实现全覆盖；强化配电网故障主动抢修支撑，积极开展配电网故障主动研判、快速指挥，精准发布停电信息，主动派发抢修工单，提升客户感知；推进智能配电网调度员助手，实现运行方式智能安排、运行操作智能监护等功能建设。

（三）健全有源配电网调度管理体系

（1）丰富地、县（配）调职责内涵。地调层面，明确分布式电源及储能等新业态、地区电力平衡、地区源网荷储协同控制等管理职责；县（配）调层面，明确配电网调度基础数据治理、各类数据接入等工作职责。

（2）全方位建立主配网协同调度机制。加强主配网调度运行协同，建立主配网故障处置协同机制，推动主配网多源数据融合应用及故障信息共享，提升事故处置效率；加强主配网检修计划协同，严格落实地区主配网停电"一本计划"，地调统筹许可中压配电网停电计划，县配调强化停电计划执行管控；加强主配网运行方式协同，按照主配网统一的运行方式分析和评价标准开展配电网运行方式管理；加强主配网调度数字协同，推动主配网多源数据融合应用，实现"电网一张图"拓扑贯通，提升多电源、双流向的配电网运行监视水平。

（3）提升配电网调度应急能力。强化技术手段建设，开展配调备用调度体系研究建设，提升应急情况下调度技术支持系统承载力，实现与现场应急处置高效互动；探索大型城市日常分区和战时分层的调度模式，完善配调与县调及跨地区县配调间的应急互援机制，健全城市配电网多点大面积并发故障的应急预案并开展演练，全力提升大型城市应急抗灾保网能力。

（四）加强配电网调度队伍建设

（1）强化配电网运行及管理队伍建设。省调增配配电网调度管理人员，加强配电网调度运行、抢修指挥及配网调度技术支持相关班组技术力量建设，适应有源配电网发展和运行需要；强化配电网调度技术专家培养和人才储备，构建有序的专业人才梯队；建立健全有源配电网调度相关标准制度，完善配电网调度培训、考评、竞赛等工作机制，加强新技术应用、新业态发展等培训，提升配电网调度队伍岗位履责能力。

（2）加强上下级调度管理刚性。加强地调对县、配调专业管理，进一步扎实落实县、配调同质化管理要求，确保五级调度体系管理的完整性和规范性。配调应进一步加强与地调之间的主动协同，避免出现因行政管理关系变化导致的工作效率下降的情况。

（3）强化配电网运行支撑队伍建设。重点强化省电科院对配电网调度的技术支撑，充分发挥省电科院在配电网新业态新技术应用、源网荷储协同互动、配电网运行感知、配电网抢修指挥等方面的研究、支撑和监督作用，助力配电网调度运行工作质效提升。

四、工作要求

（1）加强组织领导，纳入考核管理。各单位要高度重视有源配电网调度管理工作，加强组织领导，结合实际，根据总部考核内容，将有源配电网管理的相关要求纳入相应考核体系，梳理明晰本单位加强有源配电网调度管理工作思路和重点举措，不断提升配电网运行及管理水平。

（2）加强工作管控，确保取得实效。将有源配电网调度管理重点工作纳入各级"十四五"调控规划，分解落实年度工作计划，建立省、地、县（配）调协同的工作管控机制，确保各项工作有效落地。

（3）加强经验交流，推进共同提升。加有源强配电网调度管理好的做法、经验的提炼总结，建立有源配电网调度管理典型经验交流评选机制，搭建交流平台，做好先进做法、模式的推广应用，推进配电网调度管理水平共同提升。

国调中心
2021 年 9 月 9 日

国调中心、国网营销部关于全面推广用电信息采集系统数据接入配网调度技术支持系统的通知

（调技〔2020〕17号）

各省（自治区、直辖市）电力公司，国电南瑞科技股份有限公司，中国电科院：

为提升公司营配调数据贯通质量，发挥智能电能表非计量功能应用能力，强化配电网调度运行感知手段，在试点单位先行推进的基础上，公司决定全面推广用电信息采集系统数据接入配网调度技术支持系统工作经验，推进主配一体化功能升级，试点开展配电网调度高级应用功能建设，切实提升配电网安全运行保障水平。

一、工作目标

（1）全面推广用电信息采集系统配电变压器停复电信息、准实时负荷、历史负荷接入配网调度技术支持系统工作经验，2020年底配电变压器有效感知率达到70%以上。

（2）推进配网调度技术支持系统主配一体化功能升级，力争2020年底前覆盖率超过70%。

（3）依据配网调度技术支持系统停电事件和用电信息采集系统提供的配电变压器停复电事件、电压电流等信息，开展配电网故障主动研判，利用多源信息进行互校，逐步完善研判策略，提升配电网精益化调度水平。

二、职责分工

（1）调控专业负责配网调度技术支持系统中配电变压器台账及图形模型信息的准确性；负责配网调度技术支持系统中配电变压器与用电信息采集系统中台区信息的关系对应；负责配网调度技术支持系统采集感知、状态分析等基础功能开发；负责配网调度技术支持系统调

度故障研判、快速隔离等高级应用开发。

（2）营销专业负责向配网调度技术支持系统推送台账信息，并做好异动更新；负责用电信息采集系统数据传输的及时性和准确性；负责用电信息采集系统的升级改造。

三、工作安排

（一）准备阶段

时间：2020年4～8月

工作内容：各省调牵头，各省营销部、南瑞集团、中国电科院配合，6月底前完成用电信息采集系统与配电网调度技术支持系统接口调试；8月底前完成调管范围内配电变压器图模信息关联。

（二）应用阶段

时间：2020年9～10月

工作内容：各省调牵头，各省营销部、南瑞集团、中国电科院配合，9月底前完成配电变压器有效感知率评价数据上送到评价系统；10月底前完成配网调度技术支持系统故障研判等功能完善，开展常态化调度应用。

（三）总结阶段

时间：2020年11～12月

工作内容：通过线上和线下等多种方式开展专项评估检查，总结工作经验成效。

附件：用电信息采集数据接入配网调度技术支持系统技术规范

国调中心　国网营销部
2020年4月21日

用电信息采集数据接入配网调度
技术支持系统技术规范

目　　次

用电信息采集数据接入配网调度技术支持系统技术规范

1 范围

本标准规定了用电信息采集数据接入配网调度技术支持系统的基本原则、总体框架、数据交互、应用功能及安全防护要求等。

本标准主要适用于各单位实现用电信息采集数据接入配网调度技术支持系统的设计、开发、调试和运行。

2 规范性引用文件

下列文件对于本文件的应用是必不可少的。凡是注日期的引用文件，仅注日期的版本适用于本文件。凡是不注日期的引用文件，其最新版本（包括所有的修改单）适用于本文件。

用电信息采集系统统一接口服务平台接口技术规范

国家发展和改革委员会 2014 年第 14 号令　电力监控系统安全防护规定

国家电网调〔2015〕409 号　国家电网公司关于进一步加强配电网调度管理的通知

调技〔2019〕100 号　国调中心、国网营销部关于试点开展配电变压器停电事件接入配网调度技术支持系统的通知

3 术语和定义

3.1 台账匹配

配网调度技术支持系统配电变压器、分布式电源接入点与营销业务系统公用变压器台区、专用变压器用户、分布式电源用户的电源点对应。

3.2 终端停复电事件

采集终端（含集中器）产生的停电和复电事件。

3.3 准实时量测数据

采集终端一个采集周期间隔上送的有功功率、无功功率、三相电流、三相电压等量测数据。

3.4 历史量测数据

用电信息采集系统采集的固定间隔点（每日24、48、96点）有功功率、无功功率、三相电流、三相电压等量测数据和日冻结电能示值。

4 基本原则

4.1 应尽可能减少系统间的交互环节，优先采用配网调度技术支持系统与用电信息采集系统、营销业务应用系统直接交互方式获取数据。

4.2 配网调度技术支持系统应具备用电信息采集数据应用的基本功能，宜具备扩展应用功能。

5 总体架构

用电信息采集数据接入方案涉及省公司营销业务应用系统、用电信息采集系统（简称用采系统）以及地区的配网调度技术支持系统，总体架构如图1所示。

配网调度技术支持系统从营销基础数据平台获取台账信息，从用电信息采集系统获取终端停复电事件、准实时量测数据，优先从营销基础数据平台获取历史量测数据，营销基础数据平台不具备条件时可以从用电信息采集系统获取历史量测数据。

6 信息交互要求

6.1 营销基础数据平台

a）应提供营销台账等基础数据。

b）应提供公用变压器台区、专用变压器用户及分布式电源历史量测数据。

6.2 用电信息采集系统

a）应支持对外发布终端停复电事件。

11

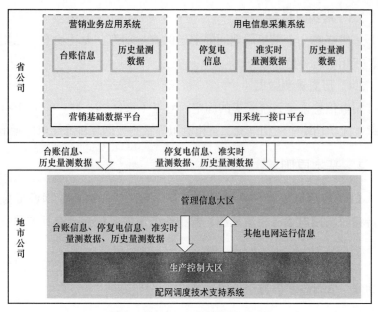

图 1 营销及用采数据接入框架

b）应提供公用变压器台区、专用变压器用户及分布式电源准实时量测数据。

c）应提供公用变压器台区、专用变压器用户及分布式电源历史量测数据。

6.3 配网调度技术支持系统

a）应及时获取营销台账及变更信息。

b）应实时获取终端停复电事件。

c）应实时获取公用变压器台区、专用变压器用户及分布式电源准实时量测数据。

d）应支持获取公用变压器台区、专用变压器用户及分布式电源历史量测数据。

e）应支持终端停复电事件、准实时量测数据、历史量测数据等信息在管理信息大区和生产控制大区自动同步。

f）应具备台账匹配、配电变压器监视、故障研判等基本功能。

7 应用功能要求

7.1 基本功能

7.1.1 营销及用电信息采集数据接入

具体要求包括但不限于：

a）应定时从营销基础数据平台获取营销台账信息并更新本地的营销台账。

b）应实时接收用采系统的终端停复电事件。

c）应采用接收推送的方式，从用采系统获取准实时量测数据。

d）应支持通过营销基础数据平台或用采系统获取 T-1 历史量测数据。

7.1.2 台账匹配

具体要求包括但不限于：

a）应基于台区标识、台区编号、变压器资产编号等信息建立公用变压器与营销公用变压器台区对应关系。

b）应基于用户编号、计量点编号及电能表资产号等信息建立专用变压器与营销专用变压器用户对应关系。

c）对于单一专用变压器用户有多台配电变压器时，应建立接入点设备与用户总表采集终端对应关系。

d）对于无法自动匹配的台账信息应提供手动匹配工具。

e）营销台账发生变化时，应主动提醒需要匹配的配电变压器信息。

7.1.3 配电变压器监视

具体要求包括但不限于：

a）应具备配电变压器准实时量测的数据处理能力。

b）应在系统可视化界面中展示配电变压器的准实时量测数据。

c）应根据配电变压器的准实时量测数据，计算配电变压器台区负载率、三相不平衡度等，并进行异常展示和告警。

7.1.4 故障研判

具体要求包括但不限于：

a）应基于终端停复电事件研判故障区域。

b）应基于"站—线—变—户"关系，定位故障区域受影响的用户信息。

7.2 扩展功能

7.2.1 馈线／台区级负荷预测

具体要求包括但不限于：

a）应支持多日期类型（例如工作日、周末和假日等）的馈线和台区负荷预测，并支持负荷预测曲线展示。

b）宜支持结合台区历史负荷数据、气象因素、节假日等信息，采用大数据分析技术，预测台区负荷变化趋势。

7.2.2 台区可开放容量计算

具体要求包括但不限于：

a）应支持根据配电变压器额定容量和历史运行最大负荷计算配电变压器可开放容量。

b）应支持待接入负荷的明细列表展示，按负荷等级、预分配容量等信息查看。

c）宜支持三相可开放容量评估分析。

8 安全防护要求

a）信息交互应满足国家发改委2014年第14号令和配电网安全防护相关技术要求。

b）安全边界如图2所示，配网调度技术支持系统内部生产控制大区与管理信息大区边界B1，应采用正反向隔离装置实现大区边界安全防护；管理信息大区横向域间边界B2，应采用硬件防火墙实现横向系统间边界安全防护。

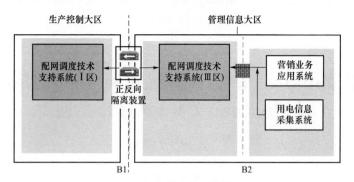

图 2　安全边界示意图

国调中心关于印发《增量配电网、微电网并网调度协议示范文本（试行）》的通知

（调技〔2019〕104号）

各分部，各省（自治区、直辖市）电力公司：

为适应电力体制改革形势需要，规范增量配电网、微电网并网调度行为，维护和促进电力系统安全、优质、经济运行，国调中心根据《中华人民共和国电力法》《中华人民共和国合同法》《电网调度管理条例》《电网运行准则》（GB/T 31464—2022）等法律、法规和国家有关规定，在充分组织讨论和广泛征求意见的基础上，制定了《增量配电网、微电网并网调度协议示范文本（试行）》〔以下简称《示范文本（试行）》〕，供各单位参考，并就有关事项通知如下：

一、各分部、省（区、市）电力公司要充分认识推行《示范文本（试行）》的重要意义，国家电网有限公司经营范围内增量配电网、微电网并网运行时，应参照《示范文本（试行）》签订并网调度协议，坚决杜绝无协议调度的情况。

二、协议双方应在规定时间内将生效的并网调度协议送有关电力监管机构备案。

三、《示范文本（试行）》由国调中心负责解释。使用中如有意见和建议，请及时反馈。

附件：增量配电网、微电网并网调度协议示范文本（试行）

国调中心

2019 年 8 月 20 日

附件

合同编号：

乙方公司全称
×× 增量配电网、微电网
并网调度协议
（示范文本）

甲方：法人名称

乙方：法人名称

年　　月　　日

使 用 说 明

1. 本统一合同文本适用于国家电网有限公司所属各单位与用户签订的增量配电网 / 微电网并网调度协议。

2. 对于合同文本中需当事人填写之处，对方根据实际情况填写。如当事人约定无需填写的，则应注明"无"或划"/"。

3. 对本统一合同文本的任何修改或补充，当事人均应在补充协议中进行约定，除此之外不得直接对合同文本进行改动。

4. 本合同文本中带下划线数字，仅作为参考，各单位可根据实际运行情况设定。

5. 本合同文本为试行版本，如有疑问或建议，国调中心负责解释，并定期进行更新。

6. 国家电网有限公司各单位合同承办人员应按照本使用说明起草合同，在合同开始内部审核或提交对方前应删除本使用说明。

目　　录

电力系统的发电、输电、变电、配电、用电是一个不可分割的整体，为保证电力系统安全、优质、经济运行，规范并网和调度行为，维护协议双方的合法权益，根据《中华人民共和国电力法》《中华人民共和国合同法》《电网调度管理条例》《电网运行准则》(GB/T 31464—2022)、《电力系统安全稳定导则》(GB 38755—2019)以及其他有关法律、法规，本着平等、自愿、诚实信用的原则，双方经协商一致，签订本协议。

并网调度协议（以下简称本协议）由下列双方签署：

甲方：_____，系一家电网经营企业，在工商行政管理局登记注册，已取得电力业务许可证（许可证编号：　　　　），税务登记号：　　　，社会信用代码：　　　　　，法定地址：　　　　，法定代表人：　　　。

乙方：_____，系一家具有法人资格的增量配电网/微电网运营企业/售电公司，在工商行政管理局登记注册，已取得电力业务许可证（许可证编号：　　　　），税务登记号：　　　，社会信用代码：　　　，法定地址：　　　　，法定代表人：　　　。

第一章 定 义 与 解 释

1.1 定义

1.1.1 电力系统／电网

由发电、供电（输电、变电、配电）、用电设施和保证这些设施正常运行所需要的继电保护和安全自动装置、计量装置、电力通信设施、电网调度自动化设施等构成的整体，也可用于发电厂和电网企业的统称。

1.1.2 增量配电网

增量配电网原则上指 110 千伏及以下电压等级电网和 220（330）千伏及以下电压等级工业园区（经济开发区）等局域电网。除电网企业存量资产外，其他企业投资、建设和运营的区域电网。

1.1.3 微电网

由分布式发电设备、用电负荷、监控、保护和自动化装置等组成（必要时含储能设备），是一个能够基本实现内部电力电量平衡的小型供用电系统。微电网分为并网型微电网和独立性微电网。并网型微电网既可以与外部电网并网运行，也可以独立运行，本协议中所指微电网特指并网型微电网。

1.1.4 电网企业

系指拥有、经营和运行电网的电力企业。本协议的电网企业特指国家电网有限公司、中国南方电网有限责任公司和内蒙古电力（集团）有限责任公司和各地方电网企业，包括其下属的分部、省电力公司及所辖的供电公司、供电分公司等。

1.1.5 电网调度控制机构

依法对电网运行进行组织、指挥、指导、协调和控制的机构，负责电力市场运营的机构。以下简称电网调控机构。

1.1.6 调度管辖

指电网调控机构行使调度指挥权的发、供、用电系统，包括直接调度范围和许可调度范围。

1.1.7　直接调度

指电网调控机构直接发布操作指令的电力系统设备，该部分设备的操作，除紧急情况外，必须得到电网调控机构值班调度员的操作指令。

1.1.8　许可调度

指电网调控机构同意后方可操作的电力系统设备，该部分设备的操作，除紧急情况外，必须得到电网调控机构值班调度员的同意。

1.1.9　并网点（并网关口设备）

指乙方配电网 / 微电网与甲方电网之间电气连接点，本协议中的乙方配电网 / 微电网与甲方电网的并网点示意图见附件 1 的描述。

1.1.10　首次并网日

指乙方配电网 / 微电网与甲方电网进行同期连接的第一天。

1.1.11　并网申请书

指由乙方向甲方提交的要求将乙方配电网 / 微电网并入甲方电网的书面申请文件。

1.1.12　计划离网

微电网按照预先计划由并网模式切换到离网模式。

1.1.13　非计划离网

微电网检测到电网异常时非计划的由并网模式切换到离网模式。

1.1.14　解列

本协议专指与电网相互连接在一起运行的乙方配电网 / 微电网与甲方电网的电气联系中断。

1.1.15　特殊运行方式

指因某种需要而使乙方配电网 / 微电网或甲方电网接线方式不同于正常方式的运行安排。

1.1.16　日电力调度计划曲线

指甲方电网调控机构编制的用于确定乙方配电网 / 微电网各时段通过并网联络线与甲方电网交换有功电力的曲线（包括值班调度员临时修改后的曲线）。

1.1.17　电力电量交易

指甲乙双方就电力电量买卖进行的活动或第三方对甲乙双方就电

力电量买卖进行的撮合活动。

1.1.18　紧急情况

指电力系统内发电、供电设备发生重大事故；电网频率或电压超出规定范围、输变电设备负载超出规定值、主干线路功率值超出规定的稳定限额以及其他威胁电力系统安全运行，有可能破坏电力系统稳定，导致电力系统瓦解以至大面积停电等情况。

1.1.19　电网调度控制管理规程

指甲方根据《电网调度管理条例》、国家标准和电力行业标准、上级《电网调度控制管理规程》制定的，甲乙双方必须执行的，规范双方电力系统调度、运行行为的规程。

1.1.20　甲方原因

指由于甲方的要求或可以归咎于甲方的责任。包括因甲方未执行国家有关规定和标准等，导致事故范围扩大而应当承担的责任。

1.1.21　乙方原因

指由于乙方的要求或可以归咎于乙方的责任。包括因乙方未执行国家有关规定和标准等，导致事故范围扩大而应当承担的责任。

1.1.22　购售电合同

指甲方与乙方就乙方配电网 / 微电网的余电上网的电力购售及相关商务事宜签订的合同。

1.1.23　不可抗力

指不能预见、不能避免并不能克服的客观情况。包括：火山爆发、龙卷风、暴风雪、泥石流、山体滑坡、水灾、火灾、来水达不到设计标准、超设计标准的地震、台风、雷电、雾闪、冰闪、覆冰等，以及核辐射、战争、瘟疫、骚乱等。

1.2　解释

1.2.1　本协议中的标题仅为阅读方便，不应以任何方式影响对本协议的解释。

1.2.2　本协议附件与正文具有同等的法律效力。

1.2.3　本协议对任何一方的合法承继者或受让人具有约束力。但当事人另有约定的除外。

1.2.4　除上下文另有要求外，本协议所指的年、月、日均为公历年、月、日。

1.2.5　本协议中的"包括"一词指：包括但不限于。

1.2.6　本协议中的数字、期限等均包含本数。

1.2.7　本协议中涉及的有关系统、设备、控制等专用名词及英文缩写以对应章节遵照的国家标准、行业标准中的解释为准，另有说明者除外。

1.2.8　本文标注下划线数字，仅作为参考，各地方可根据实际电网运行情况进行设定。

第二章　双　方　陈　述

任何一方在此向对方陈述如下：

2.1　本方为一家依法设立并合法存续的企业，有权签署并有能力履行本协议。

2.2　本方签署和履行本协议所需的一切手续（包括办理必要的政府批准、取得营业执照和电力业务许可证等）均已办妥并合法有效。

2.3　在签署本协议时，任何法院、仲裁机构、行政机关或监管机构均未做出任何足以对本方履行本协议产生重大不利影响的判决、裁定、裁决或具体行政行为。

2.4　本方为签署本协议所需的内部授权程序均已完成，本协议的签署人是本方法定代表人或委托代理人。本协议生效后即对协议双方具有法律约束力。

第三章　双　方　义　务

3.1　甲方的义务

3.1.1　遵守国家法律法规、国家标准和电力行业标准，以电力系统安全、优质、经济运行为目标，根据甲乙双方配电网/微电网的设备规模、运行特性及电力系统的规程、规范，本着公开、公平、公正的原则，对甲乙双方配电网/微电网进行统一调度运行管理，使其满足电网整体运行稳定性及可靠性的要求。

3.1.2 甲方依法设置电网调控机构，根据本协议调度管辖范围划分，对与甲方并网的乙方配电网／微电网进行统一调度管理，有授予和解除对方相关人员调度业务联系资格的权利。

3.1.3 负责配电网／微电网设备调度管辖范围的划分及设备命名。

3.1.4 负责对调度指令的下达和执行作出具体要求和规定。

3.1.5 负责合理安排调度管辖范围内配电网／微电网设备的运行检修。

3.1.6 负责调度管辖范围内设备运行方式的安排，发布甲乙双方配电网／微电网络规模发展变化情况。

3.1.7 负责指挥调度管辖范围内配电网／微电网的运行、操作和故障处理。组织本级电网事故调查，开展调度管辖范围配电网／微电网故障分析。

3.1.8 负责并网点安全稳定控制装置的运行管理和控制及电网频率调整。负责调度管辖范围内无功、电压管理。

3.1.9 负责甲方所属电网一、二次设备，安全防护系统等设备、设施的运行管理，满足电力系统安全稳定运行的需要。

3.1.10 负责配电网／微电网直接调度范围内设备的继电保护和安全自动装置定值的整定计算以及规定整定配合限额要求。

3.1.11 向乙方提供用于保护计算、负荷接入等必须的电网运行参数。

3.1.12 负责编审下发并网联络线电力调度计划曲线。

3.1.13 负责并网联络线交换电力的运行控制。

3.1.14 可有偿为乙方提供以下服务：

3.1.14.1 配合乙方对其涉网的相应设备进行技术改造或参数调整。

3.1.14.2 乙方运行中涉及配电网／微电网运行安全的相关业务进行指导、协调和技术支持。

3.1.14.3 乙方委托甲方进行的设备运维、监控、调度管理等业务。

3.1.14.4 以上业务应另行签署协议。

3.2 乙方的义务

3.2.1 遵守国家法律法规、国家标准、电力行业标准及所在电力系统的规程、规范，以维护电力系统安全、优质、经济运行为目标，服从甲方统一调度。

3.2.2 接受甲方电网调控机构的统一管理，相应的运行值班人员需经甲方电网调控机构进行资格认定后，方可有权与甲方的电网调控机构进行调度业务联系。

3.2.3 负责按照甲方调度指令，开展相关配电网/微电网的运行、操作和故障处理，配合开展事故调查及故障分析。

3.2.4 按照相关规定及时、准确、客观、完整地向甲方提供所辖配电网/微电网设备信息及运行情况（包括网架结构相关的配电网/微电网电力系统图、地理接线图；设备规模统计、设备参数、保护及自动装置、负荷等）。

3.2.5 按照甲方要求提前编制年度、月度等设备检修计划，并配合甲方完成设备检修、技术改造及参数调整等工作。

3.2.6 按照甲方规定的格式和内容、时间要求向甲方提交年度、月度、日前并网联络线电力电量需求。

3.2.7 负责开展乙方配电网/微电网的负荷预测工作，定期向甲方报送负荷预测，并保证准确率达到要求。

3.2.8 负责向甲方报送新、扩、改建等相关设备异动资料，执行甲方电网调控机构的调度管辖范围划分，按甲方发布的设备调度命名，在设备投入运行前完成规范的设备标识。

3.2.9 负责按照甲方要求及时编制所辖配电网/微电网的年、月（季）度运行分析报告，保护动作分析报告。参与甲方组织的双方配电网/微电网运行分析联席会议，提出专业建议和意见。

3.2.10 负责制定所辖配电网/微电网与电力系统规程、规范相一致的现场运行规程，并送甲方备案。配合甲方定期开展各项涉及电网安全的专项和专业安全检查，落实检查中提出的防范措施，防止影响甲乙双方配电网/微电网安全运行的事故发生，参与甲方电网调控机构组织的联合反事故演习。电网调控机构有明确的反事故措施或其他电力系统安全要求的，乙方应按要求实施并运行维护，并将有关安全措施文件送电网调控机构备案。

3.2.11 负责并网点安全稳定控制装置的建设、运行维护。负责乙方所属配电网 / 微电网的一、二次设备，安全防护系统等设备、设施的运行维护，满足电力系统安全稳定运行的需要。

3.2.12 负责组织开展乙方配电区域内继电保护和安全自动装置定值的整定计算（直接调度范围内的装置定值由甲方电网调控机构下达），并向甲方报备，执行相关调控机构下发的整定单及整定限额单。

3.2.13 负责配合甲方做好并网联络线交换电力的运行控制。配合完成双方配电网 / 微电网间潮流、电压、频率的调整和控制。

第四章　并　网　管　理

4.1　调度管辖范围划分原则

4.1.1 甲方负责调管甲乙双方电网并网点（分界点）设备。其他设备的调管范围及调管方式由双方协商确定，调管范围划分示例详见附件 1 和附件 2。

4.1.2 甲方负责调管乙方配电网 / 微电网内可能对甲方电网运行安全造成影响的设备。

4.1.3 继电保护、自动化、安全自动装置等二次设备的调度管辖权随一次设备的调度管辖权确定。

4.2　并网运行条件

4.2.1 乙方建设的配电网 / 微电网一、二次设备须符合国家标准、电力行业标准和其他有关规定，按经国家授权机构审定的设计要求安装、调试完毕，经国家规定的基建程序验收合格，并符合本协议第五章的有关约定；并网正常运行方式已经明确，有关参数已合理匹配，设备整定值已按照要求整定，具备并入甲方电网运行、接受甲方电网调控机构统一调度的条件。

4.2.2 并网点的电力系统技术、运行特性、电能质量符合国家标准、电力行业标准要求。

4.2.3 乙方配电网 / 微电网继电保护及安全自动装置须符合国家标准、电力行业标准和其他有关规定，按经国家授权机构审定的设计要求安装、调试完毕，经国家规定的基建程序验收合格，并符合本协议继电保护及安全自动装置的有关约定。

4.2.4 乙方配电网自动化设施、微电网控制等系统须符合国家标准、电力行业标准和其他有关规定，按经国家授权机构审定的设计要求安装、调试完毕，经国家规定的基建程序验收合格，并满足甲方电力调度运行及电力市场的信息采集要求，各类信息已按要求接入甲方电网调控机构的调度自动化系统，并符合本协议调度自动化的有关约定。

4.2.5 双方已建立满足继电保护、安全自动装置、调度自动化及调度电话等业务需求的电力通信系统。通信设备符合国家标准、电力行业标准和其他有关规定，按经国家授权机构审定的设计要求安装、调试完毕，经国家规定的基建程序验收合格，并符合本协议调度通信的有关约定。

4.2.6 甲乙双方配电网 / 微电网联络线关口电能计量装置按照《电能计量装置技术管理规程》（DL/T 448—2000）配置，关口计量装置通过双方确认的计量检测机构的测试，并通过由双方共同组织的测试和验收。

4.2.7 甲乙双方配电网 / 微电网二次系统按照《电力监控系统安全防护规定》（国家发改委〔2014〕14 号令）要求及有关规定，已实施安全防护措施，并经国家授权具有相关资质的验收部门组织验收并合格，具备投运条件。

4.2.8 按照甲方对安全自动装置的统一要求进行配置相应的装置，整定测试完毕，相关的控制装置已接入甲方电网的安全稳定控制系统。

4.2.9 乙方微电网应具备并网运行、离网运行两种运行方式，以及并网 / 离网的安全切换能力。

4.2.10 乙方运行值班人员，根据《电网调度管理条例》及有关规定，取得相应电网调控机构颁发的合格证书，经甲方电网调控机构认定具备与甲方开展调度业务联系的资格，甲乙双方已互相报备调度业务联系人员名单及联系信息。

4.2.11 乙方与甲方并网联络线继电保护系统和安全自动装置及调度通信和自动化设备等运行、检修规程齐备，相关的安全生产管理制度齐全，其中涉及电网安全的部分应与甲方电网的安全管理规定相一致，满足电网运行管理的要求。

4.2.12 甲乙双方针对可能发生的紧急情况，已制定相应的应急预案，并相互备案。

4.2.13 联络线交换电力纳入自动控制，自动控制作用于联络线跳闸，自动控制功能通过测试和验收。

4.3 并网申请及受理

4.3.1 并网申请

4.3.1.1 乙方应在首次并网日的 90 日前，向甲方提交并网申请书，并网申请书应包含向甲方提供准确的中文资料（需要在并网启动过程中实测的参数可在并网后 7 日内提交）。

4.3.1.2 乙方提交新设备并网申请书时，应向甲方提供全面准确的设备资料，包括：

（1）规划设计建设阶段的资料、并网前期资料、电网计算和正常运行所需资料。资料的具体要求见《电网运行准则》（GB/T 31464—2022）。其他与甲方电网运行有关的一、二次主要设备图纸，技术规范，技术参数，实测参数和安装调试报告，并网工程竣工检查结果通知单等。

（2）现场运行规程。

（3）乙方配电网/微电网电气一次接线图、地理接线图、网内电源点构成、当年度并网点联络线逐月电力电量需求。

（4）乙方有调度受令权的值班人员名单、上岗证书复印件及联系方式。

（5）乙方运行方式、继电保护、自动化、通信专业人员名单及联系方式。

4.3.2 并网申请的受理

4.3.2.1 甲方在接到乙方并网申请书后应按照上述约定和其他并网相关规定认真审核，及时答复乙方，不得无故拖延。并网申请书所提供的资料符合要求的，甲方应在收到乙方并网申请书后 30 日内予以确认。并网申请书所提供的资料不符合要求的，甲方有权不予确认，但应在收到并网申请书后 35 日内书面通知乙方不确认的理由。

4.3.2.2 并网申请确认后，双方应就并网的具体事宜作好安排。

4.3.2.3 乙方应在提交并网申请时，按照甲方的要求，提交并网调试项目和调试计划，并与甲方电网调控机构协商首次并网投产的具体时间与程序。

4.3.2.4 甲方应在乙方配电网／微电网首次并网日 7 日前对乙方提交的并网调试项目和调试计划予以书面确认。

4.3.2.5 甲方应在已商定的首次并网日前 7 个工作日向乙方提供与配电网／微电网直接调度范围内的继电保护及安全自动装置定值单（或限额）。涉及实测参数时，则在收到实测参数 7 个工作日后，提供继电保护定制单。

4.3.2.6 甲乙双方应在已商定的首次并网日前，互相提供各自配电网／微电网的相关数据资料。

第五章　运　行　管　理

5.1　电力电量平衡

5.1.1　乙方应按甲方规定的格式和内容，并按下列时间要求向甲方提交年度、月度并网联络线电力电量需求：

5.1.1.1　每年的 12 月 20 日前提交下一年度逐月电力电量需求。

5.1.1.2　每月的 20 日前提交下一月度到年末逐月电力电量需求。

5.1.2　甲方应根据双方电力交易成果执行进度、甲方电网实际情况及乙方电力电量需求编审下发并网联络线日电力调度计划曲线，作为运行控制依据。

5.1.2.1　国家法定节日（包括元旦、春节、五一、国庆等）或特殊运行方式期间日电力调度计划曲线的编制：乙方须提前 5 日，按甲方规定的格式和内容按日申报并网联络线电力电量需求，甲方提前 1 日将编制完成的日电力调度计划曲线通知乙方。

5.1.2.2　正常自然日并网联络线日电力调度计划曲线编制：乙方须在每日 11 时前按甲方规定的格式和内容申报次日并网联络线电力电量需求；甲方在当日 17 时前将编制完成的次日电力调度计划曲线

通知乙方。

5.1.3 并网联络线日电力调度计划曲线的修改：

5.1.3.1 甲方将并网联络线日电力调度计划曲线通知乙方后，乙方需要修改时，可向甲方值班调度员提出申请，经同意后修改。

5.1.3.2 甲方值班调度员在甲方电网电力不能平衡或受到安全约束时，可按"公平原则"修改，但应通知乙方并说明修改原因。

5.1.4 甲方在编制和修改并网联络线日电力调度计划曲线时，除电力不能平衡或电网受到安全约束外，应满足乙方电力电量需求。

5.2 设备检修

5.2.1 经双方协商后，甲方电网调控机构将乙方设备检修计划纳入电力系统年度、月度、节日、特殊运行方式检修计划。

5.2.2 并网运行的乙方设备检修应按照计划进行。

5.2.3 计划检修

5.2.3.1 乙方应在每年 9 月 30 日、每月 15 日前将应由甲方平衡安排的次年、次月检修需求报送甲方。

5.2.3.2 甲方经协调平衡后，将乙方检修需求列入次年、次月检修计划，次年检修计划于 11 月 30 日前通知乙方，次月检修计划于 25 日前通知乙方。

5.2.4 非计划（临时）检修

乙方可向甲方（以书面申请的形式）提出乙方设备的非计划（临时）检修需求，甲方根据电网运行情况尽可能予以及时安排。

5.2.5 检修申请与批复

乙方设备检修应严格按月度检修计划规定的开工日期提前 4 个工作日向甲方提交检修申请，甲方应于开工日期前 1 个工作日完成批复，不能批复的应向乙方说明原因。

5.2.6 当电网运行状况发生变化导致甲方电网电力不能平衡或电网受到安全约束时，甲方有权调整乙方设备的检修计划，并将调整原因通知乙方。

5.2.7 乙方配电网/微电网由于自身原因需调整检修计划的，可提前 5 个工作日向甲方提出调整检修计划的申请，甲方应尽可能予以调整。确因设备健康状况、电力平衡、电网安全、相互配合等原因不能调整的，乙方应设法按原计划执行或取消。

5.2.8 乙方设备已开工检修工作需延期的，须在已批复的检修工期过半前向甲方申请办理延期手续。

5.2.9 乙方设备检修完成后，应及时向甲方报告，并按规定程序恢复设备运行。

5.2.10 因电网安全需要，甲方有权停止乙方停电检修工作，紧急送电。

5.3 电网设备异动

下列影响甲方电网安全稳定运行的设备异动，需向甲方办理申请手续，经批准后方可实施：

（1）并网各电压等级线路、母线、变压器、开关等电气设备及其配套的继电保护及安全自动装置。

（2）调管范围内发电机组及其连接至并网电压等级电网的电气设备及其配套的继电保护及安全自动装置。

5.3.1 异动申请的办理与批复

5.3.1.1 乙方应在设备异动计划实施日期 45 个工作日前向甲方提出申请。

5.3.1.2 甲方应在收到乙方设备异动申请后，立即开展调度管辖电网的安全稳定校核工作，并于收到乙方设备异动申请手续后 10 个工作日内作出同意或不同意的决定。不同意异动的，应书面答复不同意的理由。

5.3.2 乙方设备异动申请手续包括以下内容：

（1）异动设备的名称和参数。

（2）异动前后电网一次接线图。

（3）影响甲方调度管辖电网的安全稳定分析报告。

（4）其他甲方需要的资料。

5.3.3 乙方在设备异动前后均应得到甲方值班调度员许可。

5.4 电压、频率及负荷控制

5.4.1 乙方应按照甲方对安全自动装置的统一要求，确保稳控、低频低压减负荷装置的运行稳定正常。

5.4.2 根据无功分层分区就地平衡的原则，乙方保证网内功率因数满足相关要求。

5.4.3 乙方应按照有关规定制定本网的事故限电序位表，经政府主管部门批准后，向甲方报备，在紧急情况下执行。

5.4.4 甲方负责双方配电网/微电网联络界面正常运行方式的安排。

5.4.4.1 乙方应组织控制好自身电网的电力生产和使用，保证并网联络线交换电力按电力调度计划曲线运行。

5.4.4.2 当乙方未按照批准的电力调度计划曲线执行时，经由甲方值班调度员通知后仍未纠正时，甲方应立即将并网联络线交换电力纳入自动控制，自动控制跳闸启动值按日电力调度计划曲线整定，当实际运行电力曲线持续偏离日电力调度计划曲线 ±5% 及以上时，自动跳闸启动，延时 30 分钟跳闸。

5.5 电网操作

5.5.1 甲乙双方调度业务联系应使用符合《电网调度规范用语》（DL/T 962—2005）的标准术语。

5.5.2 乙方运行值班人员在运行中应服从甲方值班调度员的统一指挥。

5.5.3 乙方应迅速、准确执行甲方值班调度员下达的调度指令，不得以任何借口拒绝或者拖延执行。若执行调度指令可能危及人身和设备安全时，乙方运行值班人员应立即向甲方值班调度员报告并说明理由，由甲方值班调度员决定是否继续执行。

5.5.4 属甲方电网调控机构调度管辖范围的设备，乙方应严格遵守调度有关操作制度，按照调度指令执行操作；如实告知现场情况，回答甲方值班调度员的询问。

5.5.5 甲方电网调控机构直接调度管辖的设备操作，均由甲方值班调度员下达操作指令。属甲方电网调控机构许可调度管辖的设备，乙方运行值班人员操作前应征得甲方值班调度员的同意方可操作。乙方运行值班人员不得擅自操作甲方电网调控机构直接或许可调度管辖的设备。

5.5.6 乙方管辖设备倒闸操作需甲方电网调控机构调度管辖设备进行配合操作时，乙方运行值班人员应按调控规程规定向甲方值班调度员提出申请，经甲方值班调度员同意并下达调度指令进行操作。

5.5.7 甲方值班调度员与乙方运行值班人员进行调度业务联系或下达（接受、回复）调度指令时，双方应分别认真做好记录、录音并复诵，经双方确认无误后方可执行。乙方设备发生故障，按调度管辖范围，属甲方电网调控机构直接或许可调度管辖范围内的设备，按甲方值班调度员的调度指令处理。属乙方管辖范围内设备由乙方运行值班人员自行处理，故障处理告一段落，应及时将故障情况和处理结果汇报甲方值班调度员。

5.5.8 乙方应加强设备的运行和维护，保证设备健康运行，如甲方调管设备发生故障，乙方应按照甲方值班调度员指令，认真检查设备，彻底消除故障根源，防止开关频繁跳闸引起系统事故。

5.6 继电保护及安全自动装置

5.6.1 甲方应严格遵守有关继电保护及安全自动装置的运行管理规程、规范，并符合以下要求。

5.6.1.1 负责直接调度范围内继电保护及安全自动装置的整定计算。

5.6.1.2 负责甲方所属继电保护及安全自动装置的运行管理，包括但不限于资料台账管理、运行维护、检修调试、故障消缺，并对装置动作情况进行分析和评价。

5.6.1.3 电网继电保护及安全自动装置动作后，须立即按规程进行分析和处理，并将有关资料报所辖电网调控机构。与乙方有关的，应与其配合进行事故分析和处理。与乙方配电网 / 微电网直接有关的电网继电保护及安全自动装置动作后，甲方应根据现场所报资料按相关规定进行分析和处理，并将分析结果及时反馈乙方。乙方所辖的继电保护及安全自动装置误动作后，甲方应督导其配合进行事故分析和处理。

5.6.1.4 按照国家及有关部门颁布的规程和规定，根据电网的实际运行情况制定继电保护及安全自动装置反事故措施。

5.6.1.5 甲方应定期或在所辖电网运行方式发生重大变化时，向乙方提供整定计算所需的等值参数及交界面定值或定值限额。

5.6.2 乙方应严格遵守有关继电保护及安全自动装置的设计、运行和管理规程、规范，建立有效的运行维护机制和队伍，并且满足但不限于以下要求。

5.6.2.1 负责除甲方直接调度以外乙方配电网／微电网继电保护及安全自动装置的整定计算。

5.6.2.2 负责乙方所属管辖范围内继电保护及安全自动装置的运行管理，包括但不限于资料台账管理、运行维护、检修调试、故障消缺，确保运行正常。对乙方配电网／微电网内装置的动作情况按月进行统计、分析和评价，并于每月 5 日前报送甲方。

5.6.2.3 乙方计算的继电保护及安全自动装置定值，应满足电网运行要求及保护定值的配合关系。乙方应在甲、乙方电网参数变动或甲方相关继电保护及安全自动装置定值发生变化时，对计算的相关保护定值进行校验，并将校验结果报送甲方。

5.6.2.4 乙方应严格按照国家及有关部门发布的继电保护及安全自动装置反事故措施的规定执行。对甲方提出的继电保护装置整改、电网保护定值调整及对继电保护运行管理的有关要求应配合执行。

5.6.2.5 乙方配电网／微电网涉网继电保护及安全自动装置必须与电网继电保护及安全自动装置相配合，相关设备的配置及选型应征得电网调控机构的认可。

5.6.2.6 乙方继电保护及安全自动装置动作后，须立即报告甲方电网调控机构值班员，按规程进行分析和处理，乙方继电保护专业人员应在 2 小时内向甲方电网调控机构汇报，汇报内容至少包括保护动作行为、开关跳闸情况、重合闸情况等，并按要求将有关资料送电网调控机构。与甲方有关的，应与其配合进行事故分析和处理。

5.6.2.7 乙方继电保护及安全自动装置误动或出现缺陷后，须立即报告甲方电网调控机构值班员，按规程进行处理，并分析原因，及时采取防范措施。涉及甲方电网的，应于 1 日内将有关情况书面送甲方电网调控机构。

5.6.2.8 严格执行相关规程规范中列出的继电保护要求，定期对继电保护及安全自动装置进行校验，试验记录齐全。

5.6.2.9 将配电网／微电网涉网继电保护、安全自动装置运行状态及故障录波信息完整准确传送至甲方电网调控机构的调度主站系统。

5.6.3 双方为提高电力系统的稳定性能，应及时对继电保护及安全自动装置进行更新和改造，不得出现装置超期服役现象。

5.6.4 继电保护及安全自动装置设备更新改造应相互配合，确保双方设备协调一致。

5.6.5 改造设备须经过调试验收，确认合格后按规定程序投入运行。

5.6.6 乙方配电网／微电网内调管设备的继电保护及安全自动装置应达到如下主要运行指标（不计因甲方原因而引起的误动和拒动）：

（1）继电保护主保护运行率 ❶＝99.9%。

（2）35 千伏保护及以上保护动作正确率 =100%。

（3）故障录波完好率 ❷＝100%。

（4）安全自动装置投运率 =100%。

（5）安全自动装置动作正确率 =100%。

（6）故障录波联网率 =100%

（7）双方约定的其他运行指标。

5.6.7 双方应分别指定人员负责继电保护及安全自动装置的运行维护工作，确保继电保护及安全自动装置的正常运行。

5.7 调度通信

5.7.1 甲方应严格遵守有关调度通信系统的运行和管理规程、规范，负责所辖通信系统的调度运行管理，并开展以下工作：

5.7.1.1 监督调度通信系统的可靠运行，负责调度通信系统运行情况的运行监视、调度指挥和故障处置，协调运行中出现的重大问题。

5.7.1.2 指导、协助乙方电力调度通信系统的运行维护工作，配

---

❶ 主保护运行率 = 主保护装置处于运行状态时间 / 主保护装置统计周期时间。

❷ 故障录波完好率 = 完整故障波形 / 全部波形。

合乙方进行事故调查，及时分析电力调度通信系统故障原因。

5.7.1.3 指导、协助乙方运维人员开展通信检修提报，配合乙方开展通信检修工作。

5.7.2 乙方应严格遵守有关调度通信系统的运行和管理规程、规范，负责所辖调度通信系统的建设、运维和检修工作，并符合以下要求：

5.7.2.1 负责乙方调度通信系统的运行维护，并保证其可靠运行。

5.7.2.2 及时处理调度通信系统的故障，分析故障原因，采取防范措施。

5.7.2.3 协助甲方开展调度通信系统的运行维护工作，配合甲方进行事故调查。

5.7.2.4 服从甲方下达的通信运行方式和通信调度指令，接受甲方的指导和考核。

5.7.2.5 协助甲方开展并网通信设备运行情况统计、分析。

5.7.2.6 乙方的调度专用通信需使用甲方通信资源的，应提前 10 个工作日书面申请。

5.7.3 电力调度通信设备按照资产归属的原则划分运行维护范围。双方应严格执行《电力通信运行管理规程》（DL/T 544—2012）、《电力系统微波通信运行管理规程》（DL/T 545—2012）、《电力线载波通信运行管理规程》（DL/T 546—2012）、《电力系统光纤通信运行管理规程》（DL/T 547—2020）、《电力系统通信站过电压防护规程》（DL/T 548—2012）等规程规定。

5.7.4 甲乙双方之间应具备相对独立的两种不同路由的专用通信电路或通道，其中一条应为数字通道并能实现自动切换。

5.7.5 乙方与甲方电力通信网互联的通信设备选型和配置应协调一致，并征得甲方的认可。

5.7.6 乙方使用与甲方电力通信网相关的载波频率、无线电频率，须向甲方申请，经甲方同意并书面确认后方可使用。

5.7.7 双方应有备用通信系统，确保电网出现紧急情况时的通信联络。

5.7.8 双方均应结合实际编制通信系统反事故预案，并及时滚动修改、补充完善。

5.7.9 通信设备的计划检修涉及调度业务时，双方应协商确定，宜按月纳入电网设备检修计划管理。涉及电网设备运行状态改变的通信检修，应与电网设备的检修同步。

5.7.10 甲乙双方的任何一方通信设备故障影响到电网生产业务时，均应向对方通报，业务确认恢复正常后，也应告知对方。

5.7.11 乙方的调度通信系统应达到如下主要运行指标：

（1）通信电路运行率≥99.999%。

（2）设备运行率≥99.999%。

5.7.12 双方应分别指定人员负责所属调度通信系统的运行维护工作，并将运维负责人和具体运维人员联系方式向同级通信调度部门报备，运维人员调整时，及时更新联系方式。

5.8 调度自动化

5.8.1 双方应按照资产归属的原则，负责各自自动化系统的运行维护。

5.8.2 甲方应严格遵守有关调度自动化系统的设计、运行和管理规程、规范，负责所辖调度自动化系统的运行维护，并符合以下要求：

5.8.2.1 监督调度自动化系统的可靠运行，负责电力调度自动化系统运行情况的监测，协调运行中出现的重大问题。

5.8.2.2 按国家、电力行业和上级颁发的各项规程、标准、导则、规定，为乙方自动化信号的接入提供条件。

5.8.2.3 将系统有关信号及时准确地传送至乙方调度自动化系统。

5.8.2.4 分析调度自动化系统故障原因，采取防范措施。

5.8.2.5 指导、协助乙方调度自动化系统的运行维护工作，配合乙方事故调查。

5.8.3 乙方应贯彻执行国家、电力行业和上级颁发的各项规程、标准、导则、规定等，开展好以下工作：

5.8.3.1 做好本方自动化系统的可靠运行，负责系统运行情况的监测，协调运行中出现的重大问题。

5.8.3.2 按设计要求为甲方自动化信号的接入提供条件。

5.8.3.3 将系统有关信号及时准确地传送至甲方调度自动化系统。

5.8.3.4 开展自动化系统的运行维护工作，及时排除自动化系统的故障，分析自动化系统故障原因，采取防范措施。

5.8.3.5 配合、协助甲方开展自动化系统故障处理及事故调查。

5.8.3.6 建立健全相应的确保自动化系统正常运行的管理制度、故障处置应急预案和流程并认真执行。

5.8.4 乙方的厂站一、二次设备或其他自动化终端设备发生变更或维护等相关工作，应提前____个工作日提出检修申请，获得许可后方可进行，临时检修应提前____小时申请。

5.8.5 乙方的新、改、扩建的自动化设备投入运行，现场设备的信息采集、接口和传输规约应满足调度自动化主站系统的要求，信息应直采直送。

5.8.6 乙方计算机监控系统、电量采集与传输装置应达到如下主要运行指标：

（1）RTU 或计算机系统可用率（月）≥_____%。

（2）数据传输通道可用率（月）≥_____%。

（3）电力调度数据网络通道可用率（月）≥_____%。

（4）遥测量合格率（月）≥_____%。

（5）事故遥信正确动作率（月）≥_____%。

（6）电量采集装置运行合格率≥_____%。

（7）双方约定的其他运行指标。

5.8.7 双方应分别指定人员负责所属调度自动化系统的运行维护工作，确保调度自动化系统的正常运行。

第六章 网络安全防护

6.1 双方均应遵守《中华人民共和国网络安全法》（中华人民共和国主席令第 53 号）、《中华人民共和国计算机信息系统安全保护条例》（国务院令第 588 号）、《电力监控系统安全防护规定》（国家发展和改革委员会令第 14 号）、《国家能源局关于印发电力监控系统安全防护总体方案等安全防护方案和评估规范的通知》（国能安全〔2015〕36号）、《关于开展信息安全等级保护安全建设整改工作的指导意见》（公信安〔2009〕1429号）等有关法律、法规和规定，防范黑客及恶意代码等的恶意破坏、攻击和其他非法操作，防止配电网、微电网监控系统瘫痪和失控，保障电力监控系统的安全，满足但不限于以下要求。

6.1.1 按照国家有关规定和标准的要求，双方应建设电力监控系统安全防护体系，部署安全防护设备，重点强化双方网络边界的有效防护。

6.1.2 双方应强化电力监控系统内部物理、主机、应用和数据安全，提高系统整体安全防护能力。

6.1.3 双方应建立健全电力监控系统安全防护管理制度，加强机构、人员、建设、运维管理。

6.1.4 双方应建立健全电力监控系统安全防护评估制度，电力监控系统安全防护评估应纳入电力系统安全评价体系。

6.1.5 双方应商定网络安全责任分工和防护边界，建立信息沟通和协同防御机制，确保涉及电力监控系统的安全防护设施设备的正常运行。

6.2 甲方应按照国家有关规定和标准的要求，做好电网侧电力监控系统安全防护工作，统一指挥调度范围内的电力监控系统安全应急处理，负责乙方涉网部分的电力监控系统安全防护的技术监督，满足但不限于以下要求。

6.2.1 甲方应建立健全电力监控系统安全的联合防护和应急机制，制定应急预案并定期开展演练，统一指挥调度范围内的电力监控系统的安全应急处理。

6.2.2 甲方负责对乙方涉网部分的电力监控系统安全防护的技术监督，审核乙方的安全防护方案，并参加安全防护体系建设的验收工作。

6.2.3 甲方负责对乙方涉网部分的电力监控系统安全防护事件的调查。

6.3 乙方应按照国家有关规定和标准的要求，做好配电网／微电网侧电力监控系统安全防护设备的建设、运维和管理，满足但不限于以下要求。

6.3.1 杜绝使用经国家相关管理部门检测认定的存在漏洞和风险的系统及设备。

6.3.2 乙方应杜绝与调控机构互联的设备和应用系统连接公共网络。接入电力调度数据网络的设备和应用系统接入方案和安全防护措施应经过甲方同意。

6.3.3 乙方应具备网络安全监测手段，负责安全事件的监视、告警与治理，按照甲方规定的标准格式，将安全防护设备的运行状态及重要告警信息传送给甲方。

6.3.4 乙方应按照国家有关规定要求接受甲方的技术监督，编制本单位安全防护方案（含改造方案）并报甲方审核，根据甲方的审核意见开展配电网／微电网侧安全防护体系建设，并通过甲方参加的现场验收。

6.3.5 乙方应建立健全电力监控系统安全的联合防护和应急机制，编制应急预案并定期开展演练，接受甲方对电力监控系统安全应急处理的指挥，配合甲方开展相关电力监控系统安全防护事件的调查。

6.3.6 当配电网／微电网侧电力监控系统出现异常或者故障时，乙方应按照要求向甲方的电力调度机构和当地国家能源局派出机构报告，并按照应急预案及时采取安全紧急措施，防止事态扩大。

6.3.7 乙方电力监控系统安全防护设备应达到如下主要运行指标：

（1）不发生影响电网安全稳定运行的信息安全事件。

（2）安全防护设备接入率 =_____%。

（3）安全防护设备可用率（月）≥_____%。

第七章　电网故障处置与事故调查

7.1 双方应按照调度管辖范围，依据有关规定，正确、迅速地进行电网故障处置，并及时相互通报相关故障处置情况。

7.2 甲方调度管辖范围内的设备故障处置，应严格执行甲方值班调度员的指令（直接威胁人身或设备安全的紧急情况除外）。发生事故或异常时，事故单位的值班人员必须按电力系统调度规程及其他有关规定向电力调度值班调度员报告；事故处理完毕后应向电网调控机构提供详细的事故分析报告（包括事故前一次设备运行情况、保护动作情况、故障原因分析、待采取的处理措施等）。

7.3　双方按照《电力系统安全稳定导则》（GB 38755—2019）、电力系统调度规程及其他有关规定，结合电网结构、运行特点等电网具体情况，制定故障处置原则与具体的反事故措施。

7.4　在威胁电网安全的任何紧急情况下，甲方值班调度员可以采取必要手段确保和恢复电网安全运行，包括调整并网联络线日电力调度计划曲线、对乙方配电网/微电网实施解列等。

7.5　因电网事故将乙方配电网/微电网解列，甲方应在紧急情况消除后，将乙方配电网/微电网恢复并网运行，并应在事后向乙方说明解列的原因。

7.6　发生事故一方或双方应按照《电力安全事故应急处置和调查处理条例》（国务院第599号令）进行事故调查。事故调查的结论应包括事故原因、事故责任方及其承担的责任、防止类似事故发生的反事故措施。事故责任方应按照调查结论承担责任，并及时落实反事故措施。

7.7　乙方发生影响电网安全稳定运行的故障，除及时向甲方电网调控机构汇报外，还应按政府有关规定报送。

7.8　对于发生的电网事故，其中一方在进行调查分析时，涉及另一方的，应邀请另一方参加。另一方对调查分析方的工作应予支持，配合实地调查，提供故障录波图、继电保护装置动作报告、事故时运行状态和有关数据等事故分析资料。

7.9　对于涉及双方的事故，如果起因在短时间内无法确定并达成一致时，按国家有关规定组成专门调查组进行事故调查，必要时可邀请相应电力监管机构介入。

7.10　涉及双方事故的调查报告应告知对方。报告内容应包括事故原因、事故处理过程、事故责任方及其应承担的责任、整改方案及事故预防措施等。

第八章 违 约 责 任

8.1 甲乙双方的任何一方出现违反本协议内容的行为均视为违约。

8.2 发现对方有违约现象时，守约方应首先通知对方停止违约，违约方应立即纠正违约行为。

8.3 任何一方违约，给对方造成经济损失的均应承担相应赔偿责任，不可抗力除外。

8.4 乙方违反本协议第 5.4、5.5 条约定的，甲方电网调控机构有权按下列方法处理：

8.4.1 乙方运行值班人员同一人在同一值班时段内被警告 3 次以上者，可以取消其调度业务联系资格，被取消资格者须重新经甲方电网调控机构认定后才能恢复业务联系。

8.4.2 直接威胁甲方电网安全稳定运行时，甲方可直接对乙方配电网 / 微电网解列。

8.5 乙方违反本协议第 3、4、5 章约定的，甲方可终止与乙方的并网调度关系，因此造成的后果和损失由乙方承担。

8.6 乙方违反第 5 章有关负荷控制和电能质量相关的条款时，甲方有权追究其违约责任，相关内容如下。

8.6.1 负荷曲线的考核

8.6.1.1 因乙方未履行 3.2.13 条约定的义务，导致联络线因实际电力运行曲线严重偏离日电力调度计划曲线跳闸的，其后果和责任由乙方承担。

8.6.1.2 因乙方未履行 3.2.13 条约定的义务，导致联络线因实际电力运行曲线严重偏离日电力调度计划曲线，其偏离曲线的电量计入违约电量。

8.6.1.3 乙方配电网 / 微电网超过并网联络线日电力调度计划曲线（包括值班调度员临时修改的曲线）送入甲电网的电量视为乙方违约电量，该违约电量以结算电价的____由甲方收购。

8.6.2 无功电压的考核

8.6.2.1 乙方从甲方电网侧月购电电量（不含反向电量）功率因数均应分别大于等于 0.9，如功率因数低于 0.9，则多的无功电量的 30% 计入无功电压违约电量。

8.6.2.2 禁止乙方向甲方电网倒送无功电量，否则倒送无功电量的 30% 计入无功电压违约电量。

8.6.2.3 考核以双方并网点的月度有功、无功电量表或计费系统采集数据为基准。特殊情况征得甲方同意可以不予考核。

8.6.3 低频、低压减载装置的考核

8.6.3.1 乙方每月 20 日前应向甲方报送低频、低压减载统计报表，未按要求报送低频、低压减载统计报表每发生一次扣罚乙方低频、低压减载违约电量 1 万千瓦时。

8.6.3.2 乙方低频、低压减载统计切负荷量未达到甲方电网统一标准，每降低一个百分点扣罚乙方低频、低压减载违约电量 1 万千瓦时。

8.6.3.3 因乙方低频、低压减载实际切负荷量未达到甲方统一标准造成严重后果由乙方承担一切责任。

8.6.4 乙方所属继电保护及安全自动装置未达到第 5.5.6 条约定指标，或由于乙方原因引起其继电保护及安全自动装置故障或不正确动作，导致事故及事故扩大，每发生一次扣罚乙方违约电量 1 万千瓦时，给甲方造成的直接经济损失应由乙方承担赔偿责任。

8.7 违约电量执行

8.7.1 甲方对乙方负荷曲线实行按日考核、按月汇总，甲方对乙方负荷率、无功电压实行按月考核、甲方对乙方低频、低压减载实行每月考核一次。

8.7.2 每月第____个工作日前，甲方向乙方通报乙方上月调度违约电量，乙方应在收到通报后 3 个工作日内确认或提出异议，否则视为乙方对甲方的通报结果予以认可。

8.7.3 违约电量由甲乙双方按购售电合同结算。

8.8 甲方出现下列违约行为时，应当承担相应的责任。

8.8.1 甲方违反 3.1 条约定，给乙方造成经济损失的，由甲方承

44

担赔偿责任。

8.8.2 因甲方原因造成乙方解网，给乙方造成经济损失的，由甲方承担赔偿责任。

8.8.3 因甲方无故调整乙方负荷曲线造成乙方损失的，由甲方承担赔偿责任。

第九章 不 可 抗 力

9.1 若不可抗力的发生完全或部分地妨碍一方履行本协议项下的任何义务，则该方可免除或延迟履行其义务，但前提是：

9.1.1 免除或延迟履行的范围和时间不超过消除不可抗力影响的合理需要。

9.1.2 受不可抗力影响的一方应继续履行本协议项下未受不可抗力影响的其他义务。

9.1.3 一旦不可抗力的直接妨碍消除，该方应尽快恢复履行本协议。

9.2 若任何一方因不可抗力而不能履行本协议，则该方应立即告知另一方，并在 3 日内以书面方式正式通知另一方。该通知中应说明不可抗力的发生日期和预计持续的时间、事件性质、对该方履行本协议的影响及该方为减少不可抗力影响所采取的措施。应对方要求，受不可抗力影响的一方应在不可抗力发生之日（如遇通信中断，则自通信恢复之日）起 30 日内向另一方提供一份不可抗力发生地相应公证机构出具的证明文件。

9.3 受不可抗力影响的双方应采取合理措施，减少因不可抗力给一方或双方带来的损失。双方应及时协商制定并实施补救计划及合理的替代措施，以减少或消除不可抗力的影响。如果受不可抗力影响的一方未能尽其努力采取合理措施减少不可抗力的影响，则该方应承担由此而扩大的损失。

9.4 如果不可抗力阻碍一方履行义务持续超过 30 日，双方应协商决定继续履行本协议的条件或终止本协议。如果自不可抗力发生后 40 日，双方不能就继续履行协议的条件或终止本协议达成一致意见，任何一方有权通知另一方解除协议。本协议另有约定的除外。

第十章 协议的生效、延续、变更与解除

10.1 本协议经双方法定代表人或委托代理人签字并加盖公章或合同专用章后生效。

10.2 本协议期限，自＿＿年＿月＿日至＿＿年＿月＿日止。

10.3 在本协议期满前，双方应就续签本协议的有关事宜进行商谈，本协议到期未续签时，继续有效。

10.4 在本协议的有效期限内，有下列情形之一的，双方同意对本协议进行相应调整和修改：

10.4.1 国家有关法律、法规、规章以及政策变动。

10.4.2 本协议内容与国家电力监管机构颁布实施的有关强制性规则、办法、规定等相抵触。

10.4.3 双方约定的其他情形。

10.5 协议的变更、解除需经甲、乙双方签署书面协议方能生效。

10.6 双方明确表示，未经对方书面同意，均无权向第三方转让本协议项下所有或部分的权利或义务。

10.7 协议解除

如任何一方发生下列事件之一的，则另一方有权在发出解除通知日后终止本协议：

10.7.1 一方破产、清算，一方被吊销营业执照或电力业务许可证。

10.7.2 一方与另一方合并或将其所有或大部分资产转移给另一实体，而该存续的企业不能承担其在本协议项下的所有义务。

10.7.3 双方约定的其他解除协议的事项。

第十一章 争议的解决

凡因执行本协议所发生的与本协议有关的一切争议，双方应协商解决，也可提请电力监管机构调解。协商或调解不成的，任何一方均可依法向甲方所在地人民法院提起诉讼。

第十二章 其   他

12.1 保密

双方保证对从另一方取得且无法自公开渠道获得的资料和文件予以保密。未经该资料和文件的原提供方同意，另一方不得向任何第三方泄漏该资料和文件的全部或部分内容。但国家另有规定的除外。

12.2 适用法律：本协议的订立、效力、解释、履行和争议的解决均适用中华人民共和国法律。

12.3 协议附件

附件 1：并网点图示（略）

附件 2：设备调度管辖范围划分明细（略）

本协议（包括特别条款）的附件是本协议不可缺少的组成部分，与本协议具有同等法律效力。当协议正文与附件之间产生解释分歧时，首先应依据争议事项的性质，以与争议点最相关的和对该争议点处理更深入的内容为准。如果采用上述原则后分歧和矛盾仍然存在，则由双方本着诚实信用的原则按协议目的协商确定。

12.4 协议全部

本协议（包括特别条款）及其附件构成双方就本协议标的达成的全部协议，并且取代所有双方在此之前就本协议所进行的任何讨论、谈判、合同和协议。

12.5 通知与送达

任何与本协议有关的通知、文件均须以书面方式进行。通过挂号信、快递或当面送交，经收件方签字确认即被认为送达；若以传真方式发出，则被确认已接收即视为送达。所有通知、文件均在送达或接收后方能生效。所有通知应发往本协议提供的下列地址。当一方书面通知另一方变更地址时，应发往变更后的地址。

甲方：   乙方：

收件人：   收件人：

电话：   电话：

传真：　　　　　　　　　传真：

邮编：　　　　　　　　　邮编：

电子邮件：　　　　　　　电子邮件：

通信地址：　　　　　　　通信地址：

12.6　不放弃权利

任何一方未通过书面方式声明放弃其在本协议项下的任何权利，则不应被视为其弃权。任何一方未行使其在本协议项下的任何权利，均不应被视为对任何上述权利的放弃或对今后任何上述权利的放弃。

12.7　继续有效

本协议中有关保密的条款在本协议终止后仍然有效。

12.8　协议文本

本协议共__页，一式__份，双方各执__份，送能源监管局/办备案贰份。

12.9　未尽事宜：对本协议未尽事宜，甲方和乙方均可提出，经双方协商一致后，双方可签订补充协议，补充协议与本协议具有同等法律约束力。

甲方（盖章）：　　　　　　乙方（盖章）：

法定代表人：　　　　　　　法定代表人：

或　　　　　　　　　　　　或

委托代理人：　　　　　　　委托代理人：

签字日期：　　年 月 日　　签字日期：　　年 月 日

签字地点：　　　　　　　　签字地点：

国调中心、国网营销部关于试点开展配电变压器停电事件接入配网调度技术支持系统的通知

（调技〔2019〕100 号）

国网河北省电力有限公司，国网山西省电力公司，国网上海市电力公司，国网江苏省电力有限公司，国网安徽省电力有限公司，国网四川省电力公司，国网重庆市电力公司，国网吉林省电力有限公司，国网新疆电力有限公司，南瑞集团有限公司，中国电力科学研究院有限公司：

为落实公司"三型两网、世界一流"战略部署，加快推进泛在电力物联网建设，切实提升营配调数据贯通质量，强化配电网调度运行感知手段，大幅降低盲调比例，保障配电网安全运行水平。现提出以下工作要求。

一、工作目标

贯通用电信息采集系统与配网调度技术支持系统，将台区停电事件信息通过用电信息采集系统接入配网调度技术支持系统。结合完整的配电网调度图形模型，动态分析中压配电网开断设备及变压器的实时运行状态，保证图实一致，有效解决盲调问题。试点单位 2019 年中压配电网设备有效感知率不低于 70%，2020 年有效感知率不低于90%，2021 年有效感知率不低于 95%。

二、职责分工

（1）调控专业负责配网调度技术支持系统中配电变压器台账及图形模型信息的准确性；负责配网调度技术支持系统中配电变压器与用电信息采集系统中台区信息的关系对应；负责配网调度技术支持系统采集感知、状态分析等基础功能开发；负责配网调度技术支持系统调度故障研判、快速隔离等高级应用开发。

（2）营销专业负责向配网调度技术支持系统推送台账信息，并做好异动更新；负责用电信息采集系统数据传输的及时性和准确性；负责用电信息采集系统的升级改造。

三、工作要求

1. 配电变压器与台区关系对应要求

用电信息采集系统提供采集终端对应台区关联信息，台区台账信息（台区编号、名称等），分布式电源用户的台账信息（户号、户名等），由调度专业在配网调度技术支持系统中完成配电网图模中配电变压器与用电信息采集台区的关联工作。

2. 采集数据接入要求

（1）交互方式：通过 CIM/E 格式文件从采集主站统一接口平台传输。

（2）接入范围：包含调管范围内所有台区集中器停（上）电信息、有功、无功、三相电流、三相电压等数据，分布式电源用户的负荷数据。

（3）接入要求：集中器停（上）电信息实时推送至配网调度技术支持系统，时限不超过 3 分钟；有功、无功、三相电流、三相电压信息数据采集频率不低于 15 分钟，采集数据入库后的传输时限不低于 15 分钟；分布式电源用户的负荷数据入库后传输时限不低于 15 分钟。

（4）安全防护要求：配网调度技术支持系统与用电信息系统交互应满足国家发改委 2014 年第 14 号令和电网安全防护相关技术要求。

具体接口规范详见附件。

3. 提升配网状态感知能力要求

各单位应利用用电采集信息系统台区信息实时感知配电变压器运行状态，结合配电自动化终端信息、变电站 10 千伏出线实时状态等数据，利用供电路径推算、网络拓扑分析计算等功能，准确定位故障区域，提供故障处置辅助决策，实现故障实时感知、精准定位，提高配电网故障处置效率。

4. 开发配网调度高级应用

已完成信息接入的单位，应积极开展运行方式分析、停电计划智能分析、负荷转供、解合环分析、低压研判等高级应用开发应用。

5. 加强专业协同

试点单位调控中心与营销部应高效协同，明确责任分工，建立定期会商和评价考核等工作机制，确保高质量完成建设任务。建立问题反馈机制，在应用过程中不断强化对设备台账、拓扑关系、采集数据等错误的稽查和治理，确保系统间信息交互的实时性和准确性。

四、工作安排

1. 准备阶段

时间：2019 年 7～9 月

工作内容：试点单位牵头，南瑞集团、中国电科院配合，8 月底前完成用电信息采集系统与配网调度技术支持系统接口调试；9 月底前完成调管范围内配电变压器图模信息关联。

2. 应用阶段

时间：2019 年 9～11 月

工作内容：试点单位牵头，南瑞集团、中国电科院配合，10 月底前完成配网调度技术支持系统故障研判等功能完善；11 月开展常态化调度应用。

3. 总结阶段

时间：2019 年 12 月

开展专项评估检查，总结试点工作经验。

附件：用电信息采集系统与配网调度技术支持系统接口规范

国调中心　国网营销部

2019 年 7 月 22 日

用电信息采集系统与配网调度
技术支持系统接口规范

目 次

1 概述

1.1 编写目的

定义用电信息采集系统与配网调度技术支持系统之间的数据交互格式及接口实现方式。指导各省公司用电信息采集系统与配网调度技术支持系统的开发厂商设计、开发接口。

1.2 预期读者

本接口规范预期读者为各网省公司营销计量业务专家、营销信息化专家、配网调度技术支持系统业务专家、用电信息采集系统、配网调度技术支持系统接口厂商相关技术人员等。

1.3 参考文献

《用电信息采集系统统一接口服务平台接口技术规范》。

2 接口业务说明

2.1 用户 / 台区台账信息

2.1.1 业务描述

为达到用电信息采集系统档案数据和配网调度档案数据一致贯通，使配网调度系统可以准确应用用电信息采集系统数据，需要营销基础数据平台对专用变压器用户、配电变压器台区、分布式电源用户的基础档案信息开放给配网调度系统，支持配网调度系统进行查询。

2.1.2 接口的交互流程图

2.1.3 流程说明

2.1.3.1 配网调度系统使用营销基础数据平台提供的账号信息连接基础数据平台。

2.1.3.2 按照需求从台区表 G_TG、分布式电源用户表 FC_GC、采集对象表 R_COLL_OBJ、电能表信息表 D_METER、计量点 C_MP、电能表计量点关系表 C_METER_MP_RELA、采集点用户关系表 R_CP_CONS_RELA、分布式电源与用电关联客户关系表 FC_CONS_GC_RELA、运行终端表 R_TMNL_RUN、数据标识映射表 DATA_ID_MAP_INFO 中获取相关基础数据。

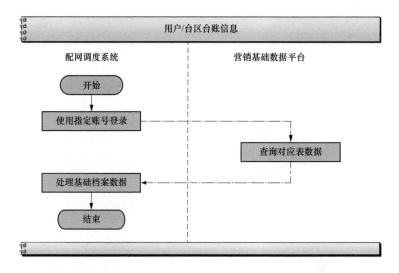

2.1.3.3 配网调度系统拿到从基础数据平台获取的营销侧基础档案数据进行处理。

2.1.4 业务规定

2.1.4.1 营销基础数据平台提供用户／台区台账档案表查询权限账户；

2.1.4.2 配网调度技术支持系统使用基础数据平台提供的查询账户进行操作。

2.2 终端停复电信息

2.2.1 业务描述

用电信息采集系统通过消息总线将台区终端停复电数据实时推送给配网调度技术支持系统，配网调度技术支持系统实现配电变压器带电状态的实时监控和故障研判。

2.2.2 接口的交互流程图

2.2.3 流程说明

2.2.3.1 用采系统根据终端电表上报的停电事件，研判生成台区停复电事件。

2.2.3.2 用采系统将台区停复电信息实时推送至消息总线。

2.2.3.3 配网调度系统实时监听消息队列读取台区停复电信息进

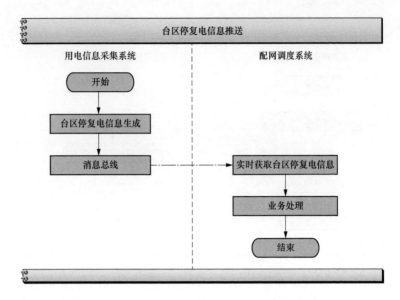

行处理，用于中压故障研判，定位故障设备和停电范围。

2.2.4 业务规定

台区停复电数据发生到送达配网调度技术支持系统时延不大于 5 分钟。

2.3 历史负荷数据

2.3.1 业务描述

配网调度技术支持系统通过 WebService 服务查询专用变压器用户、配电变压器台区和分布式电源用户指定时间的运行数据，辅助台区运行状态分析和停电故障研判。

2.3.2 接口的交互流程图

2.3.3 流程说明

用电信息采集系统统一接口平台提供静态数据查询功能，对于少量数据获取需求，配网调度技术支持系统可以请求静态服务接口获取数据。

（1）配网调度技术支持系统调用用电信息采集系统登录认证接口（WS_LOGIN）进行身份认证。

（2）认证通过后，根据"请求对象"模型生成 XML 格式的字符

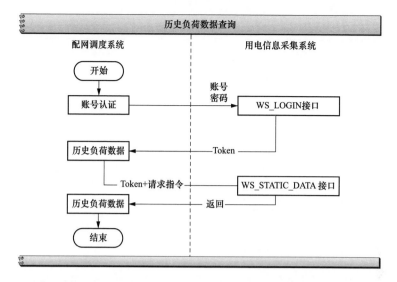

串。将该字符串与认证通过后的令牌作为入参调用统一接口平台静态数据接口服务（WS_STATIC_DATA），静态数据接口服务依据"返回对象"模型生成数据内容返回给配网调度技术支持系统。

2.3.4　业务规定

2.3.4.1　为保证数据传输的效率，配网调度技术支持系统请求采集系统静态数据接口服务一次请求1个用户。

2.3.4.2　配网调度技术支持系统发送请求查询命令到接收到台区数据不大于1分钟。

2.3.4.3　配网调度技术支持系统请求采集系统静态数据接口服务一次请求开始结束时间跨度不超过2天。

2.4　准实时负荷数据

2.4.1　业务描述

配网调度技术支持系统通过WebService服务查询专用变压器用户、配电变压器台区和分布式电源用户的全量准实时数据，实现公专用变压器和分布式电源状态的准实时监控。

2.4.2　接口的交互流程图

2.4.3　流程说明

用电信息采集系统统一接口平台提供静态数据查询功能，对于全

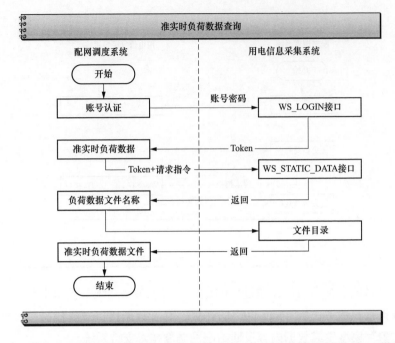

量数据获取需求，配网调度技术支持系统可以请求静态服务接口获取数据。

（1）配网调度技术支持系统调用用电信息采集系统登录认证接口（WS_LOGIN）进行身份认证。

（2）认证通过后，根据"请求对象"模型生成 XML 格式的字符串。将该字符串与认证通过后的令牌作为入参调用统一接口平台静态数据接口服务（WS_STATIC_DATA），静态数据接口服务根据请求内容生成全量负荷数据 E 文件，并依据"返回对象"将数据文件名称返回给配网调度技术支持系统，配网调度技术支持系统根据用采系统提供的统一方式获取负荷数据 E 文件。

2.4.4 业务规定

2.4.4.1 用电信息采集系统负荷数据的实时性不大于 1 个终端采集周期。

2.4.4.2 配网调度技术支持系统发送请求查询命令到获取到准实时负荷数据文件不大于 5 分钟。

2.4.4.3 全量准实时数据文件命名格式为：单位编码＋对象标识＋yyyymmddhhmiss.E，如3340101OBJ_201902201906011111500.E。

3 用电信息采集系统提供的接口

3.1 登录认证接口服务

接口说明	配网调度技术支持系统调用用电信息采集系统接口服务前需进行账户登录认证	
接口方式	WebService	
方法名称	WS_LOGIN	
数据频度	实时	
输入参数名称	输入参数格式	含义
user_no	String	服务接口认证账号【必填项】
user_pwd	String	密码（加密后的报文）【必填项】
rtn_type	String	文件格式（XML）
返回数据集	返回数据格式	含义

result_set	String	返回XML格式的字符串结果，如：
		`<?xml version="1.0"`
		`encoding="UTF-8"?>`
		`  <OBJDATASET>`
		`    <RETURN_STATUS>`
		`      <C N="RLT_MEMO"></C>`
		`      <C N="RLT_FLAG"/>1</C>`
		`      <C N="TOKEN"></C>`
		`    </RETURN_STATUS>`
		`  </OBJDATASET>`
		"RLT_FLAG"表示返回状态；
		"RLT_MEMO"表示结果描述；
		"TOKEN"表示令牌

注 令牌（调用接口时所需的入参之一，根据一定的规则生成的序列），登录认证接口在一定的时间内（默认30分钟）只允许登录三次，保留最后一次令牌，登录成功后，允许此账户一定时间（默认30分钟）内查询数据有效，超过时间后令牌自动失效，需再次登录认证获取新令牌。

3.2 静态数据查询接口

接口说明	为配网调度技术支持系统提供负荷数据的查询功能，不同的数据有不同的入参和出参格式	
接口方式	WebService	
方法名称	WS_STATIC_DATA	
数据频度	实时	
输入参数名称	输入参数格式	含义
in_params	String	数据请求入参，根据请求对象模型转换成约定格式的 XML，参见 4.1.2 数据对象模型【必填项】
token	String	令牌，调用认证接口时所得到的密钥【必填项】
file_type	String	文件格式（XML）
返回数据集	返回数据格式	含义
result_set	String	XML 格式的内容（依据不同的'请求对象模型'返回结果，对象模型可参见 4.1.2 返回对象）

4　WebService 接口约定

4.1　数据约定

4.1.1　Webservice 接口数据协议

采用 WebService SOAP 协议。客户端和服务端采用 XML 格式的字符串来交互业务数据，客户端将业务数据组织成 XML 格式的字符串作为入参调用服务端接口，服务端解析 XML 格式的字符串得到业务数据处理业务并把结果组织成 XML 格式的字符串返回给客户端。

4.1.2　XML 数据格式约定

4.1.2.1　请求 TOKEN

调用接口前，需先调用 3.1 节登录认证接口服务，将返回的

TOKEN 值作为调用的三个参数之一（另两个为实际请求数据 xml 和文件类型）访问实际数据接口，每次返回的 TOKEN 值有效期为 30 分钟，在 30 分钟内用该 TOKEN 可以持续调用取数，查过 30 分钟系统会给予提示，需要重新请求新 TOKEN。

1. 请求对象输入

入参为采集系统分配的用户账号，密码，文件类型（默认为 xml）。

2. 返回数据结果

```
<?xml version="1.0" encoding="UTF-8"?>
  <OBJDATASET>
    <RETURN_STATUS>
       <C N="RLT_MEMO"></C>
       <C N="RLT_FLAG"/>1</C>
       <C N="TOKEN"></C>
    </RETURN_STATUS>
  </OBJDATASET>
```

注　返回的 <C N="TOKEN"> 中的值即为可用的 token 值，可以用来后续的操作。

4.1.2.2　历史负荷数据

通过单位编码（33401）、电能表条码（3340100000123456789012），电能表资产编号（3340100000123456789012）、电能表标识（8200000010398131），查询出指定时间用户 / 台区电能表的负荷数据，如下所示。

1. 请求对象输入

XML 格式后如下：

```
<?xml version="1.0" encoding="UTF-8"?>
<OBJDATASET OBJ_CODE="OBJ_201901">
  <OBJ_PARAMS>
    <C N="ORG_NO">33401</C>
    <C N="METER_BAR_CODE">3340100000123456789012</C>
    <C N="METER_ASSET_NO">3340100000123456789012</C>
    <C N="METER_ID">8200000010398131</C>
  </OBJ_PARAMS>
```

```
<DATA_PARAMS>
  <R>
    <C N="START_TIME">2019-06-01 10:00:00</C>
    <C N="END_TIME">2019-06-01 11:00:00</C>
    <C N="DATA_FREQUENCE">MI</C>
    <C N="DATA_FREQUENCE_VALUE">15</C>
    <C N="DATA_TYPE">03</C>
    <C N="DATA_ITEM">UA,UB,UC,IA,IB,IC,AP,RP</C>
  </R>
</DATA_PARAMS>
</OBJDATASET>
```

2. 返回数据结果

返回格式如下:

```
<?xml version="1.0" encoding="UTF-8"?>
<OBJDATASET>
  <RETURN_STATUS>
    <C N="RLT_FLAG">1</C>// 成功且直接返回值
    <C N="RLT_MEMO"></C>
    <C N="FILE_NAME"></C>
    <C N="N_FILE_NAME"></C>
    <C N="TAKE_CRE_TIME"></C>
    <C N="FILE_TIMEOUT"></C>
  </RETURN_STATUS>
  <DATA_CONTENT>
    <R>
      <C N="DATA_DATE">2019-06-01 10:00:00</C>
      <C N="UA">220.1</C>
      <C N="UB">219.5</C>
      <C N="UC">221.6</C>
      <C N="IA">1.0</C>
      <C N="IB">0.8</C>
      <C N="IC">0.9</C>
      <C N="AP">3.7585</C>
```

```
    <C N="RP">0.1367</C>
   </R>
   <R>
   ……
   </R>
   <R>
    <C N="DATA_DATE">2019-06-01 11:00:00</C>
    <C N="UA"></C>
    <C N="UB"></C>
    <C N="UC"></C>
    <C N="IA"></C>
    <C N="IB"></C>
    <C N="IC"></C>
    <C N="AP"></C>
    <C N="RP"></C>
   </R>
  </DATA_CONTENT>
</OBJDATASET>
```

4.1.2.3　准实时负荷数据

通过单位编码（3340101）、数据时间等条件查询出全量电能表的负荷数据，如下所示。

1. 请求对象输入

XML 格式后如下：

```
<?xml version="1.0" encoding="UTF-8"?>
<OBJDATASET OBJ_CODE="OBJ_201902">
  <OBJ_PARAMS>
   <C N="ORG_NO">3340101</C>// 地区编号，地市单位
  </OBJ_PARAMS>
  <DATA_PARAMS>
   <R>
    <C N="START_TIME">2019-06-01</C>    // 当天日期
    <C N="END_TIME">2019-06-01</C>      // 当天日期
```

```
    <C N="DATA_FREQUENCE">MI</C>
    <C N="DATA_FREQUENCE_VALUE">15</C>
    <C N="DATA_TYPE">03</C>
    <C N="DATA_ITEM">UA,UB,UC,IA,IB,IC,AP,RP</C>
  </R>
 </DATA_PARAMS>
</OBJDATASET>
```

2. 返回数据结果

返回格式如下:

```
<?xml version="1.0" encoding="UTF-8"?>
<OBJDATASET>
  <RETURN_STATUS>
    <C N="RLT_FLAG">2</C>// 成功且返回文件
    <C N="RLT_MEMO"></C>
    <C N="FILE_NAME">3340101OBJ_20190220190601111500.E</C>// 全量准实时数据文件名称
    <C N="N_FILE_NAME"></C>
    <C N="TAKE_CRE_TIME"></C>
    <C N="FILE_TIMEOUT"></C>
  </RETURN_STATUS>
</OBJDATASET>
```

负荷数据 E 文件格式如下:

```
<!Entity=3340101  type= 负荷数据  time='2019-06-12 16:15:51'!>
<MeterData::3340101>
@Num METER_ID METER_BAR_CODE METER_ASSET_NO DATA_DATE
UA UB UC IA IB IC AP RP
// 序号 电能表标识 电能表条形码 电能表资产编号 数据日期 A 相电
压 B 相电压 C 相电压 A 相电流 B 相电流 C 相电流 有功 无功
# 1 8200000010398131 33401000000123456789012
  33401000000123456789012 2019-06-12_16:15:00 235.93
  235.34 236.34 58.30 66.60 41.50 39.10 5.30
```

```
#  2  8200000010398132  3340100000123456789013
   3340100000123456789013  2019-06-12_16:15:00  235.93
   235.34  236.34  58.30  66.60  41.50  39.10  5.30
#  3  8200000010398133  3340100000123456789014
   3340100000123456789014  2019-06-12_16:15:00  235.93
   235.34  236.34  58.30  66.60  41.50  39.10  5.30
</MeterData::3340101>
```

注　1. 3340101 为地区编号。

　　2. MeterData 中的数据记录某一列为空时填写 NULL。

4.2　OBJ_CODE 编码约定

由于各省统一接口平台接入的接口数量存在差异，各省的 OBJ_CODE 编码也会存在不一致的情况，各省实际使用的 OBJ_CODE 编码需要由各省采集系统分配。

4.3　消息总线约定

各省用电信息采集系统对外发布实时数据均采用消息总线的方式，主要有 Kafka 和 activeMQ 两种方式。

4.4　文件下载约定

http://host:port/ 应用服务名 /download?
filename=33101-10000-201501220131401.E&token=XXX

5　附录

5.1　数据项编码表

数据项名称	编码	备注
有功功率	AP	
无功功率	RP	
A 相电压	UA	
B 相电压	UB	
C 相电压	UC	
A 相电流	IA	

数据项名称	编码	备注
B 相电流	IB	
C 相电流	IC	

5.2 编码对应表

编码名称	编码	值	含义
返回码	RLT_FLAG	1	成功且直接返回值
		2	成功且返回文件
		0	失败
数据频度	DATA_FREQUENCE	YYYY	年
		MM	月
		WW	周
		DD	日
		HH	时
		MI	分
数据类型	DATA_TYPE	01	示数
		02	电量
		03	负荷（组合）
		04	负荷特性
		05	异常
		06	终端事件
		07	电表事件
		08	终端工况
		09	电压统计
		10	指标
		11	功率
		12	电压
		13	电流
		14	需量

5.3 数据库表及关键字段

5.3.1 台区（G_TG）

关键字段清单

名称	代码	数据类型	主键	注释
台区标识	TG_ID	NUMBER（16）	TRUE	台区标识
台区管理单位编号	ORG_NO	VARCHAR2（16）	FALSE	管理单位编号
台区编码	TG_NO	VARCHAR2（16）	FALSE	台区编码
台区名称	TG_NAME	VARCHAR2（256）	FALSE	台区名称
容量	TG_CAP	NUMBER（16,6）	FALSE	台区容量，为可并列运行的变压器容量之和
安装地址	INST_ADDR	VARCHAR2（256）	FALSE	安装地址
公用变压器专用变压器标志	PUB_PRIV_FLAG	VARCHAR2（8）	FALSE	台区是 01.公用变压器或者 02.专用变压器
运行状态	RUN_STATUS_CODE	VARCHAR2（8）	FALSE	台区运行状态

5.3.2 变压器（G_TRAN）

关键字段清单

名称	代码	数据类型	主键	注释
设备标识	EQUIP_ID	NUMBER（16）	TRUE	设备的唯一标识，变更的时候用于对应线损模型中的变压器唯一标识
台区标识	TG_ID	NUMBER（16）	FALSE	台区标识
变压器管理单位编号	ORG_NO	VARCHAR2（16）	FALSE	变压器管理单位

名称	代码	数据类型	主键	注释
用户标识	CONS_ID	NUMBER（16）	FALSE	用电客户的内部唯一标识
设备名称	TRAN_NAME	VARCHAR2（256）	FALSE	设备的名称
安装地址	INST_ADDR	VARCHAR2（256）	FALSE	安装地址
运行状态	RUN_STATUS_CODE	VARCHAR2（8）	FALSE	本次变更前的运行状态 01 运行、02 停用、03 拆除
公用变压器专用变压器标志	PUB_PRIV_FLAG	VARCHAR2（8）	FALSE	台区是 0.公用变压器或者 1.专用变压器

5.3.3 分布式电源用户表（FC_GC）

关键字段清单

名称	代码	数据类型	主键	注释
发电 ID	GC_ID	NUMBER（16）	FALSE	发电 ID
发电户号	GC_NO	VARCHAR2（16）	FALSE	发电户号
发电户名	GC_NAME	VARCHAR2（256）	FALSE	发电户名
发电区域单位	ORGN_GC_NO	VARCHAR2（16）	FALSE	发电区域单位
发电用户类型	GC_SORT_CODE	VARCHAR2（8）	FALSE	发电用户类型
发电安装地址	GC_ADDR	VARCHAR2（256）	FALSE	发电安装地址
运行容量	CONTRACT_CAP	NUMBER（16,6）	FALSE	运行容量

名称	代码	数据类型	主键	注释
电压等级	VOLT_CODE	VARCHAR2（8）	FALSE	电压等级
发电状态	STATUS_CODE	VARCHAR2（8）	FALSE	发电状态
单位	ORG_NO	VARCHAR2（16）	FALSE	单位

5.3.4 采集对象（R_COLL_OBJ）

关键字段清单

名称	代码	数据类型	主键	注释
采集对象标识	COLL_OBJ_ID	NUMBER（16）	TRUE	本实体记录的唯一标识
电能表标识	METER_ID	NUMBER（16）	FALSE	本实体记录的唯一标识号，取自营销设备域的电能表信息实体
采集点编号	CP_NO	VARCHAR2（16）	FALSE	采集点编号
TA变比值	CT_RATIO	NUMBER（5）	FALSE	电流互感器的变比
TV变比值	PT_RATIO	NUMBER（5）	FALSE	电压互感器的变比

5.3.5 电能表信息（D_METER）

关键字段清单

名称	代码	数据类型	主键	注释
电能表标识	METER_ID	NUMBER（16）	TRUE	本实体记录的唯一标识
所在单位	BELONG_DEPT	VARCHAR2（16）	FALSE	互感器当前所在单位关联O_ORG表的ORG_NO

名称	代码	数据类型	主键	注释
条形码	BAR_CODE	VARCHAR2（32）	FALSE	引用国家电网公司营销管理代码类集：5110.66 互感器编号规则
资产编号	ASSET_NO	VARCHAR2（32）	FALSE	资产编号，局编号
接线方式	WIRING_MODE	VARCHAR2（8）	FALSE	引用国家电网公司营销管理代码类集：5110.84 电能表接线方式分类与代码

5.3.6 计量点（C_MP）

关键字段清单

名称	代码	数据类型	主键	注释
计量点标识	MP_ID	NUMBER（16）	TRUE	容器所属的计量点唯一标识号
计量点分类	TYPE_CODE	VARCHAR2（8）	FALSE	定义计量点的主要分类，包括：01 用电客户、02 关口等
计量点性质	MP_ATTR_CODE	VARCHAR2（8）	FALSE	定义计量点的主要性质，包括：01 结算、02 考核等
主用途类型	USAGE_TYPE_CODE	VARCHAR2（8）	FALSE	定义计量点的主要用途，引用国家电网公司营销管理代码类集：5110.19 电能计量点类型分类与代码（01 售电侧结算、02 台区供电考核、03 线路供电考核、04 指标分析、05 趸售供电关口、06 地市供电关口、07 省级供电关口、08 跨省输电关口、09 跨区输电关口、10 跨国输电关口、11 发电上网关口、1101 发电关口、1102 上网关口……）

70

名称	代码	数据类型	主键	注释
电压等级	VOLT_CODE	VARCHAR2（8）	FALSE	标明计量点的电压等级，引用国家电网公司信息分类与代码体系－综合代码类集－电压等级代码表，包括：01 10kV、02 110kV、03 220kV、04 35kV、05 220V、06 6kV、07 380V、08 500kV 等
计量方式	MEAS_MODE	VARCHAR2（8）	FALSE	引用国家电网公司营销管理代码类集：5110.33 电能计量方式代码（1 高供高计、2 高供低计、3 低供低计）
供电单位编号	ORG_NO	VARCHAR2（16）	FALSE	供电管理单位的代码
台区标识	TG_ID	NUMBER（16）	FALSE	台区的唯一标识
计量点状态	STATUS_CODE	VARCHAR2（8）	FALSE	标明计量点的当前状态，包括：01 设立、02 在用、03 停用、04 撤销等
用户标识	CONS_ID	NUMBER（16）	FALSE	用户标识

5.3.7 电能表计量点关系（C_METER_MP_RELA）

关键字段清单

名称	代码	数据类型	主键	注释
电能表计量点关系标识	METER_MP_ID	NUMBER（16）	TRUE	本实体记录的唯一标识号
电能表标识	METER_ID	NUMBER（16）	FALSE	本实体记录的唯一标识号，取自营销设备域的电能表信息实体
计量点标识	MP_ID	NUMBER（16）	FALSE	容器所属的计量点唯一标识号

5.3.8 采集用户关系（R_CP_CONS_RELA）

关键字段清单

名称	代码	数据类型	主键	注释
采集用户关系标识	CP_CONS_ID	NUMBER（16）	TRUE	本实体记录的唯一标识
用户标识	CONS_ID	NUMBER（16）	FALSE	本实体记录的唯一标识，产生规则为流水号
采集点编号	CP_NO	VARCHAR2（16）	FALSE	本实体记录的唯一标识
单位编号	ORG_NO	VARCHAR2（16）	FALSE	过滤分区使用

5.3.9 分布式电源用电用户关系表（FC_CONS_GC_RELA）

关键字段清单

名称	代码	数据类型	主键	注释
关系标识	RELA_ID	NUMBER（16）	TRUE	本实体记录的唯一标识
发电客户标识	GC_ID	NUMBER（16）	FALSE	发电客户标识
关联用电客户标识	RELA_CONS_ID	NUMBER（16）	FALSE	关联用电客户标识
生效标志	INURE_FLAG	VARCHAR2（8）	FALSE	生效标志

5.3.10 运行终端表（R_TMNL_RUN）

关键字段清单

名称	代码	数据类型	主键	注释
终端编号	TERMINAL_ID	VARCHAR2（16）	TRUE	本实体记录的唯一标识
采集点编号	CP_NO	VARCHAR2（16）	FALSE	本实体记录的唯一标识
单位编号	ORG_NO	VARCHAR2（16）	FALSE	过滤分区使用

5.3.11 数据标识映射表（DATA_ID_MAP_INFO）

关键字段清单

名称	代码	数据类型	主键	注释
数据标识	ID	NUMBER（16）	TRUE	主键，对应原基础采集数据表中的 ID
采集对象标识	COLL_OBJ_ID	NUMBER（16）	FALSE	不为空，对应标设表 R_COLL_OBJ 的 COLL_OBJ_ID 字段
计量点标识	MP_ID	NUMBER（16）	FALSE	冗余字段，对应标设表 C_MP 的 MP_ID 字段
电能表标识	METER_ID	NUMBER（16）	FALSE	冗余字段，对应标设表 C_METER 的 METER_ID 字段

5.4 消息模型以及消息总线

5.4.1 消息总线

5.4.1.1 Kafka 消息总线

交互采用具有通用性的消息队列 Kafka 完成，设置一对交互主题和一个数据共享发布主题，消息体由 JSON 格式字符串构成。

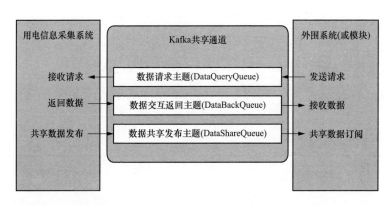

当交互的信息量较大时，可分为多个消息完成，每个消息可以独立解释成完整的结构化数据。

交互渠道由用电信息采集系统搭建，统一管理。其他系统需要与采集系统交互时需要按如下流程完成：

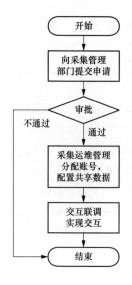

開始

向采集管理
部门提交申请

审批

不通过

通过

采集运维管理
分配账号，
配置共享数据

交互联调
实现交互

结束

5.4.1.2　ActiveMQ 消息总线

采用符合 Java™ 消息服务规范的 Apache ActiveMQ 消息中间件。具体实现技术详见 ActiveMQ 开发文档。

JMS 实时消息发布渠道主要采用有两种方式：队列（Queue）和主题（Topic）。基于现有实时数据发布业务需要，采用队列（Queue）方式实现。

对于第三方客户端定制的订阅消息，平台采用 Queue 方式发布个性化消息。为了保证消息发布的可靠性，平台采用可持久化队列（Durable Queue）。平台依据第三方客户端定制的订阅消息内容，分别发送过滤后的实时消息给相应客户端。

5.4.2　消息模型

对配网调度技术支持系统推送内容

名称	代码	类型	备注
单位编码	ORG_NO	字符串	单位编码
台区编号	TG_NO	字符串	台区编号
终端编号	TERMINAL_ID	字符串	终端资产编号
停复电标识	POWEROFF_FLAG	字符串	停复电标识 0：停电 1：复电
停电时间	POWER_OFF_DATE	字符串	停电时间 YYYY-MM-DD HH:MI:SS
复电时间	POWER_ON_DATE	字符串	复电时间 YYYY-MM-DD HH:MI:SS

5.5　负荷数据数模

日测量点组合曲线数据（E_MP_COMP_CURVE）

名称	代码	数据类型	主要的	注释
标识	ID	Number（16）	TRUE	实体唯一标识
数据时间	DATA_DATE	Date	TRUE	数据时标

名称	代码	数据类型	主要的	注释
采集时间	COLL_DATE	Date	FALSE	采集入库时间
有功功率	AP	Number（11,4）	FALSE	有功功率
无功功率	RP	Number（11,4）	FALSE	无功功率
A 相电压	UA	Number（5,1）	FALSE	A 相电压
B 相电压	UB	Number（5,1）	FALSE	B 相电压
C 相电压	UC	Number（5,1）	FALSE	C 相电压
A 相电流	IA	Number（7,4）	FALSE	A 相电流
B 相电流	IB	Number（7,4）	FALSE	B 相电流
C 相电流	IC	Number（7,4）	FALSE	C 相电流

5.6 信息安全防护

配网调度技术支持系统与用电信息信息、营销基础数据平台的信息交互应满足国家发改委 2014 年第 14 号令电力监控系统安全防护规定和配电网安全防护相关技术要求。

配网调度技术支持系统需在管理信息大区设置信息交互服务器，信息交互服务器的信息交互模块负责与营销数据平台、用电信息采集系统进行信息交互。如下图所示涉及的边界包括生产控制大区与管理信息大区边界 B1、管理信息大区横向域间边界 B2。配网调度技术支持系统内部生产控制大区与管理信息大区边界 B1，应采用正反向隔离装置实现大区边界安全防护。管理信息大区横向域间边界 B2，应采用硬件防火墙实现横向系统间边界安全防护。

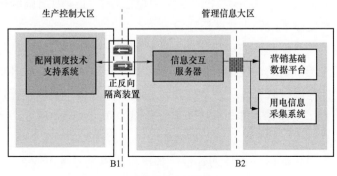

安全边界示意图

国调中心关于印发 2019 年配网调度控制 管理工作意见的通知

(调技〔2019〕51 号)

各省（自治区、直辖市）电力公司，南瑞集团有限公司，中国电力科学研究院有限公司：

公司确立了"三型两网、世界一流"的战略目标，明确了公司发展的战略路径。为贯彻公司新时代发展战略，进一步提升配网调控管理和优质服务水平，发挥配电网在建设泛在电力物联网中的重要作用，现提出以下工作意见。

一、工作意见

（1）充分认识"三型两网"建设新形势下配网调控工作的重要性。建设泛在电力物联网为电网运行更安全，管理更精益，服务更优秀开辟了一条崭新的道路。配网是电网末端，更是服务的最前沿，汇聚了电源、用户、负荷等各类资源，是"三型"企业建设的物质基础。配网调控是配电系统中实现万物互联、人机交互、设备状态感知、信息处理的重要组成部分，是实现能源流、业务流、数据流"三流合一"的关键环节。当前正处于"三型两网"建设的战略突破期，各单位要高度重视新形势下的配网调控工作，加强配网调度运行管理、技术支撑手段和人才队伍建设。

（2）严格配网调控运行管理。县、配调应严格执行配网调控运行规程和地调下达的调度指令，认真贯彻落实上级调度下达的各项管理要求，杜绝因行政管理关系的变化造成调度指令执行不畅、管理要求落实不力。在方式安排、事故处理等方面，应以保障电网安全可靠供电为首要原则，切实落实主配网调度同质化管理各项要求。

（3）强化配网停电计划管控。各单位应以增量配电改革为契机，认真落实《国家电网公司配电网方式计划管理规定》，县、配调定期向地调报送配电网停电计划需求，由地调结合主网停电计划进行统一平衡、批复，不断提高停电计划管控、停送电操作、接地查找等方面工作水平。按照"能带不停、一停多用"的原则，减少重复停电，同一用户原则上2个月内不得超过3次停电（含计划停电和故障停电）。合理制定停送电操作时序，减小停送电时间偏差，杜绝早停电、晚送电，延迟停电和提前送电时间原则上不超过1小时。利用技术和管理手段，进一步压减拉路查接地过程中的短时停电时间。各单位应始终坚持以客户为中心，全力服务优化营商环境，将频繁停电、送电不及时等直接影响客户感受的指标纳入评价考核。

（4）深化配抢指挥管理。各单位应充分共享营配调基础数据，应用过程中不断强化对设备台账、拓扑关系、采集数据、客户信息等错误的稽查、督办，实现10（6、20）千伏线路故障停电信息在配网调控与配抢指挥相关业务系统之间的快速传递，支持故障停电工单自动派发和停电信息自动报送。高度重视低压故障对优质服务的影响，积极利用台区图和智能配电变压器终端、智能电表等数据，实时掌握低压配网运行情况，开展低压故障主动研判及派单。及时、准确报送各类停电信息，实时跟踪停送电操作、现场检（抢）修等工作进展，做好停电信息变更和统计工作，建立停电信息变更月度通报机制，督促相关单位正确报送停电时间，并严格按照停电时间开展各项工作，降低停电信息变更率。

（5）推进主配网协调控制手段建设。各单位要切实落实《国网发展部关于印发配电自动化建设技术方案协调会议纪要的通知》（发展规二〔2018〕30号）文件要求，除电网规模特别大的地区，应优先采用地调调度自动化系统功能升级或者新建主配一体化调度自动化系统的方式。按照"谁使用谁负责"的原则划分主站系统建设和运维职责分工，根据调控业务需要，遵循"主配一体、网源协同"的思路进行主站功能设置，提升主配网协调控制手段。

（6）狠抓配网调控基础数据质量。各单位应深化配网图模应用，以应用促进基础数据不断完善，常态化开展开关置位工作，确保"图实一致"。合理采用多种手段提高调度自动化系统配网数据采集覆盖率和直采率，实现配网图形、模型与实时量测的关联，力争实现光伏、风电、储能等分布式电源的全状态观测。继续推进地调调度自动化系统新能源功能模块建设，不断提升分布式电源运行分析与控制手段。

（7）积极推动配网技术创新。积极适应分布式电源、增量配网、储能等新业态发展，充分利用"大云物移智"先进技术，全面感知源网荷储设备运行、状态环境信息，打造配网状态全面感知、信息高效处理、应用便捷灵活的泛在电力物联网。通过虚拟电厂和多能互补提高分布式新能源的友好并网水平和电网可调控容量占比，不断促进清洁能源消纳。推进综合能源协调控制技术研究，构建以电为中心、各种能源广泛接入的新平台、新生态，提升公司综合能源服务市场竞争力。

（8）加快人才队伍建设。各单位应切实加强一线员工队伍建设，重视解决生产一线结构性缺员问题，按照"五值三运转"要求配足县、配调运行值班人员，并设配网调控值班长。地调应配备配网专职管理岗位人员，协同各专业加强对配网调度控制工作的指导和监督，避免专业管理弱化。严格落实"必须要让专业的人做专业的事"的要求，供电服务指挥中心（配网调控中心）配网调控业务的分管领导应具有电力调度工作经历。各单位应加强配网调控技术专家培养和人才储备，构建完整的专业人才梯队。

二、工作安排

（一）工作启动阶段（2019 年 3 月）

国调中心印发"配网调控管理优秀集体评价标准"，并建立配网调度控制专业月度简报制度，对县级调控中心和供电服务指挥中心（配网调控中心）的配网调度控制工作开展情况以及本工作意见落实情况进行通报。

2019 年 3 月底前，各单位完成配网停电计划考核评价模块部署工作，支撑配网停电计划执行情况统计分析。各单位逐条对照本工作意见，制定实施计划。

（二）工作开展阶段（2019 年 4～10 月）

2019 年 4～6 月，各单位按照计划开展各项工作。

2019 年 8～9 月，国调中心组织相关专家，对各单位配网调度控制工作开展情况以及本工作意见落实情况进行现场抽查。

2019 年 10 月，各单位向国调中心申报配网调度控制专业典型经验。

（三）工作总结阶段（2019 年 11～12 月）

2019 年底前，组织召开配网调度控制专业经验交流会，评选出"配网调管理优秀典型经验"进行交流，评选出年度"配网调控管理优秀集体"和"配网调控管理优秀个人"进行表彰。

国调中心

2019 年 3 月 21 日

（此件发至收文单位本部及所属二级单位机关）

国调中心关于印发《地区电网调度自动化系统新能源模块功能规范》的通知

（调技〔2018〕121号）

各省（自治区、直辖市）电力公司，南瑞集团有限公司，中国电力科学研究院：

按照公司总体工作安排和年度重点工作要求，为规范地区电网调度自动化系统新能源模块建设、强化配电网调度运行技术支撑，国调中心组织制定了《地区电网调度自动化系统新能源模块功能规范》，现予以印发，请认真贯彻执行。

国调中心

2018年9月3日

（此件发至收文单位本部及所属二级单位机关）

地区电网调度自动化系统新能源模块功能规范

1 范围

本要求规定了地区调度的调度自动化系统中的新能源模块功能。

适用于地区调度的调度自动化系统中的新能源模块建设，并指导研发、验收和应用。主要针对地（市）电网调管范围内的新能源发电，小水电、小火电、储能等其他类型电源的运行控制模块建设可参照本要求执行。

2 总体要求

2.1 地区电网调度自动化系统新能源模块面向地区级调度各专业，能够适应地区电网发展的需要，特别是大规模新能源接入地区电网的发展趋势，充分体现信息化、自动化、互动化和智能化等特征。

2.2 地区电网调度自动化系统新能源模块建设应符合调度业务规范化要求。符合"源端维护、全网共享"的要求，支持广域范围内分工和共享，实现一体化运行、维护和使用。

2.3 基于已建调度自动化系统建设，实现调度业务范围内各系统和应用功能之间新能源信息资源的整合及数据、模型等信息的共享，支持新能源电站的协调控制，提高系统的性能和功效。

2.4 地区电网调度自动化系统新能源模块包括基础功能和扩展应用，可根据地区电网新能源并网情况选择相应的扩展应用进行部署。

2.5 满足《全国电力二次系统安全防护总体方案》《电力监控系统安全防护规定》及调网安〔2018〕10号文《并网新能源场站电力监控系统涉网安全防护补充方案》中有关二次系统安全防护的要求。

3 平台架构

3.1 地调自动化系统新能源模块逻辑架构

地调新能源模块主要在安全一区和安全三区建设（见图1），通

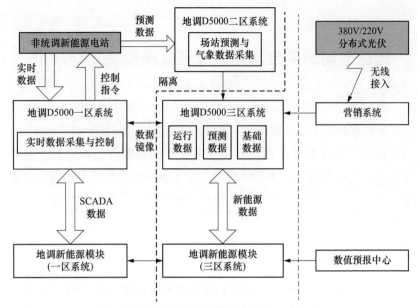

图 1　地调自动化系统新能源模块逻辑架构

过接入地调一区系统和三区系统相关数据开展分析应用。地调新能源模块基于地调调度自动化系统采集获取新能源发电相关数据。主要接入营销数据和数值预报中心数据。

3.2　功能架构

地调新能源模块的基础功能主要基于已建平台功能实现（见图 2），

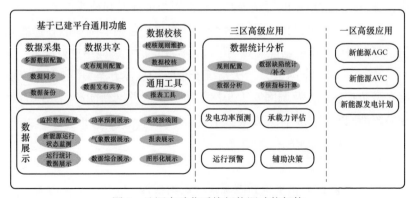

图 2　地调自动化系统新能源功能架构

包括数据采集、数据共享、数据校核、报表、数据展示等。数据统计分析、发电功率预测、承载力评估、运行预警、辅助决策等高级应用在三区建设。新能源 AGC/AVC、新能源发电计划等功能在一区建设。

4 基础功能

4.1 平台功能

4.1.1 新能源建模及管理功能

基于已建调度自动化平台，提供新能源模型的建立和维护功能。以新能源电站为对象进行建模。模型包括：

（1）并网点开关、升压变压器、机组、逆变器等设备的电气参数和控制参数。

（2）10 千伏及以上网络拓扑。

（3）380 伏及以下电压等级接入的新能源发电测点模型，可不关联拓扑。

（4）与上级调度机构间的新能源交互模型。

4.1.2 新能源告警功能

采用统一的信息描述格式接收和汇总新能源运行控制各类告警信息，基于已建调度自动化平台，根据各自的特征对大量的告警信息进行合理分类。告警信息包括但不限于：

（1）新能源发电运行实时告警信息。

（2）网络分析的越限等告警信息。

（3）气象（高低温、暴雨、冰雪、大风、雷电、大雾等灾害性天气）告警信息等。

（4）新能源发电有功变化率越限、出力与发电计划的偏差越限、理论出力与实际出力偏差越限等数据异常告警信息。

（5）新能源功率预测数据中断告警。

（6）其他扩展应用告警信息。

4.1.3 统计分析及报表

基于已建调度自动化平台统计功能，提供新能源并网运行中各类指标的统计分析功能以及丰富的统计结果表现手段，包括但不限于：

（1）新能源电站的测风数据、测光数据等分析比较功能。

（2）新能源发电的有功功率变化率计算功能，可根据指定的时间间隔对新能源发电的有功功率变化率进行计算，并对越限时间和幅度进行统计。

（3）对新能源发电的实际出力与发电计划的偏差越界进行统计分析的功能。

（4）对区域发电的理论发电量与实际发电量进行比较的功能，并展示比较结果。

4.2 监测分析

基于已建调度自动化平台，实现对新能源发电实时运行信息的同步，实现新能源相关数据采集、数据处理、实时监测等。

4.2.1 数据采集

新能源数据接入功能，支持如下数据接入：

4.2.1.1 10千伏及其以上新能源发电实时数据（如有功、无功、电流、电压等），380伏新能源发电非实时数据（如有功、无功等）。

4.2.1.2 新能源发电的电量数据（如日发电量，月累计电量，年累计电量等）。

4.2.1.3 新能源电站的实时 AGC、AVC 状态数据（包括投入／退出状态等）。

4.2.1.4 新能源发电并网点的遥信、遥测数据。

4.2.1.5 新能源发电预测结果数据：包含短期预测、超短期预测结果数据。

4.2.1.6 新能源电站数值气象预报数据：包括温度、湿度、压力、风速、风向、总辐射、直接辐射、散射辐射等信息。

4.2.1.7 新能源发电实测气象数据：光伏电站上报的辐照仪监测信息；风电场上报的测风塔实测气象信息。

4.2.1.8 新能源单机运行信息：逆变器的有功功率、无功功率、运行状态；风机有功功率、无功功率、风速、转速及风机运行状态。

4.2.1.9 新能源电站关键设备信息：如 SVC、SVG 等。

4.2.2 数据处理

基于已建调度自动化平台，提供模拟量处理及状态量处理功能。

4.2.2.1 模拟量处理

处理新能源电站、并网点、线路等的有功、无功、电流、电压值以及主变挡位、温度等模拟量的功能。

4.2.2.2 状态量处理

处理并网点开关、逆变器状态、风机启停状态、远方控制投退信号等各种信号状态量的功能。

4.2.3 实时监测

全网新能源信息监视、单机信息监视、关键设备监视等功能。

4.2.3.1 应提供全网新能源发电信息监视功能，如地理图、场站分布图等。

4.2.3.2 应提供新能源发电的总体出力监视功能。支持在地图上标注新能源发电的位置及送出线路情况，实时反映新能源发电的出力及送出走向、有功变化率和并网点电压等。

4.2.3.3 应提供新能源发电单机设备监视功能，实时监视新能源发电单机设备的运行工况。

4.2.3.4 应提供新能源电站关键设备监视功能，实时监视设备运行状态。

4.2.3.5 应提供气象信息监视功能，实时监测风速、风向、辐照度等气象信息的变化情况。

4.2.3.6 应提供新能源发电的理论出力及与实测出力对比监视功能。

4.2.3.7 应提供新能源站侧功率预测及调度侧的功率预测数据及对比监视功能。

5 扩展应用

5.1 发电功率预测

新能源发电功率预测功能具备获取和展示数值天气预报、网格化功率预测、站点功率预测、功率预测对比展示、预测结果统计分析等功能，能支撑地区电网的负荷预测、电力电量平衡等。

5.2 新能源发电计划

实现新能源发电计划的编制和日内滚动调整。根据新能源电站功率预测和网供负荷预测结果，考虑预测误差和系统限制，给出超短期及短期发电计划曲线。支持根据新能源发电计划曲线和各新能源电站的预测出力情况，优化给出各新能源电站的短期和超短期出力上限。支持超短期计划曲线滚动更新。支持发电计划同步监视。

5.3 新能源自动发电控制

实现对全网新能源发电的有功自动控制，包括全网总发电控制、电网安全约束控制、与上级调度联合控制等功能。

具备集中式新能源场站的点对点控制功能和分布式新能源发电的区域集群控制功能。

5.4 新能源自动电压控制

应遵循"分层分区、就地平衡"的基本原则，在确保安全稳定运行的前提下，保证电网电压质量合格，实现无功分层分区平衡，降低网损。能够向地区调度系统现有 AVC 应用实时提供新能源电站的静态无功备用，新能源电站无功出力上下限、并网点电压等信息，提供辅助决策功能。

5.5 并网承载力评估

应能对地区电网的承载力进行多维度的评估，实现新能源电站的运行分析与评价，并针对接入中压电网的新能源并网审查和方式调整等提供技术支撑手段。应实现的评估内容包括但不限于：热稳定承载力、电压调整承载力、短路电流承载力、谐波承载力。

5.6 新能源运行预警

应基于预测数据、网络分析结果对新能源发电并网运行情况进行预警，支撑电网运行辅助决策。

5.6.1 应具备预测 / 计划匹配性预警：以新能源发电预测 / 计划结果进行分析预警，设定一定时间段内的波动系数，超出范围时进行预警。

5.6.2 应具备概率性潮流预警：考虑新能源和负荷的波动，以潮流计算为基础，结合一定概率分布（考虑检修计划），对电压越限和功率越限情况进行预警。

5.6.3 应支持孤岛预警：通过网络拓扑（考虑检修计划和实时状态），分析孤岛情况，存在孤岛时进行预警。

5.7 新能源运行 / 并网辅助决策

应基于实时数据、设备参数，网络拓扑等因素进行综合分析，支撑新能源发电运行、并网过程中方式调整的辅助决策。通过网络拓扑分析，支撑新能源发电完全解列后方式调整的辅助决策。通过新能源发电并网审查校验，支撑未来态方式调整的辅助决策。

6 接口要求

应实现调度业务范围内各系统和应用功能之间信息资源的整合及数据、模型等信息的共享，提高系统的性能和功效。

6.1 数据输入

应具备接入如下信息和数据的功能：

6.1.1 来自气象系统的气温、雨量、风力、云图等气象实况信息。

6.1.2 来自自动电压控制系统的控制指令。

6.1.3 来自上级调度系统的功率预测数据。

6.1.4 来自上级调度系统的全网新能源发电有功总目标值数据。

6.1.5 来自营销系统的新能源台区信息、电量以及 380 伏及以下电压等级接入的新能源的运行数据。

6.1.6 来自外部系统的图模信息，包括中压配电网线路模型及单线图数据。

6.2 数据输出

应具备如下数据的发布：

6.2.1 新能源电站模型数据发布。

6.2.2 新能源电站实时运行数据、历史数据发布。

6.2.3 新能源电站功率预测、发电计划数据发布。

6.2.4 自动电压控制功能（AVC）的电压控制指令。

6.2.5 自动发电控制功能（AGC）的有功功率控制指令。

7　性能指标

7.1　容量指标

7.1.1　支持接入 10 千伏及以上电压等级新能源电站数量应不小于 2000 个。

7.1.2　支持接入 380 伏及以下电压等级新能源电站数量应不小于 50000 个。

7.2　实时性指标

7.2.1　通过直采方式采集的遥信变化传送时间应不大于 3 秒。

7.2.2　通过直采方式采集的遥测变化传送时间应不大于 3 秒。

7.2.3　系统从营销系统获取新能源采样数据的周期不大于 30 分钟。

7.2.4　历史数据存储时间应大于 2 年。

7.3　可用性指标

7.3.1　热备用方式运行时，主备切换时间应不大于 20 秒。

7.3.2　冷备用方式运行时，主备切换时间应不大于 10 分钟。

7.3.3　系统年可用率应大于 99.9%。

国调中心关于加强分布式光伏数据采集工作的通知

（调技〔2018〕111号）

各分部，各省（自治区、直辖市）电力公司：

近年来，分布式光伏快速发展，装机容量已超过4500万千瓦，对电网运行的影响日益显现。目前，调度端未实现分布式光伏数据接入的全覆盖，且数据采集不完整、频度低，影响电网运行监视、电力电量统计及负荷预测。为加强分布式光伏的数据采集和统计管理工作，相关要求如下：

一、10千伏及以上光伏数据的采集与统计

（1）10千伏及以上光伏应接入调度自动化系统，逐步实现实时采集。在2018年12月31日前，应全部完成在运光伏数据的实时采集工作。

（2）新投产的光伏项目，在首次并网前应满足实时采集条件，并同步完成数据的接入。

（3）2018年9月30日前，10千伏及以上光伏全部纳入调度口径管理。尚未实现数据实时采集的可通过适当算法估算。

二、380/220伏分布式光伏数据接入与统计

（1）各单位应基于县域电网、供电分区或9千米×9千米网格（有条件的3千米×3千米）开展建模、数据接入、统计分析等工作。

（2）可基于营销用电信息采集系统、国网光伏云、无线公网通信、无线专网通信或其他数据采集方式，将分布式光伏数据接入调度自动化系统，采集数据间隔应不大于1小时，有条件的可采集15分钟或更小间隔的数据。

（3）2018年12月31日前，380/220伏分布式光伏全部纳入全社会口径管理。尚未实现数据接入的，可通过适当算法估算。2019年6

月 30 日前，在运 380/220 伏分布式光伏力争实现全部数据接入。

三、加强分布式光伏监视和管理

（1）分布式光伏数据通过地调自动化系统采集，并逐级向上级调度转发。各分中心、省（自治区、直辖市）调、地调应在 SCADA 中分级监视分布式光伏出力，具备相应的容量、电力、电量等统计功能。

（2）在分布式光伏规模较大、装机超过电网负荷 1% 的地区，省地调应于 2019 年 6 月 30 日前实现分布式光伏运行监测和功率预测。

（3）各分中心牵头，2018 年 8 月 30 日前，上报本区域内分布式光伏电站数据接入工作方案。

工作过程中如有意见或建议请及时反馈国调中心。

国调中心

2018 年 8 月 13 日

（此件发至收文单位本部及所属二级单位机关）

国调中心关于进一步加强配电网调度管理的通知

（调技〔2018〕89号）

各省（自治区、直辖市）电力公司，南瑞集团有限公司，中国电力科学研究院：

为适应分布式电源快速发展、高比例接入配电网等新形势，以及供电服务指挥中心（配网调控中心）建设要求，保障配电网安全、优质、经济运行，实现配电网调度管理的标准化、专业化、精益化，进一步提升配电网调度管理及优质服务水平，现就加强配电网调度管理提出如下工作意见。

一、深化县、配调同质化管理。配网调控中心与县级调控中心在统一调管范围、规章制度、评价标准的基础上，深化统一人员管理、业务流程、技术支持系统。各单位应结合供电服务指挥中心（配网调控中心）建设，在2018年10月底前完成省内统一的"县、配调调度规程"的修编工作。

二、明晰地调与配调管理关系。地区调控中心与配网调控中心是上下级调度关系，配网调控中心负责城区配网调控运行值班，接受地调调度和专业管理。地调承担地区电网（含城区配网）调度运行、设备集中监控、系统运行、调度计划、继电保护、自动化（含配电自动化主站生产控制大区）、水电及新能源（含分布式电源）、配网抢修指挥、停送电信息报送等专业工作及管理职责。

三、规范配电网调度运行管理。县、配调应合理安排值班力量，保证运行人员到位率满足五值三运转要求。省调负责县、配调调控员持证上岗管理，调度运行人员必须100%持证上岗，调度对象应由相应调控机构培训考核合格，取得调度业务联系资格。

四、强化配电网调度计划管理。地调应深化分布式电源发电计划管理，开展功率预测与实际发电的偏差统计分析；地调负责地区内电网（10～35千伏）所有停电计划审批、平衡、发布；省、地调应利用调度技术支持系统运行信息，定期统计分析配网停电计划的执行情况，统计结果纳入县、配调考核；低压配电网（0.4千伏电网，含配电变压器）停电计划实行B类以上地区备案管理，配网调控中心负责收集、统计、分析低压配电网停电计划执行情况，定期将统计结果上报地调，地调根据统计情况开展考核。

五、提升分布式电源调度运行管理。对于纳入调度管辖范围（10～35千伏）的分布式电源，严格执行相关技术标准，出具并网意见，规范并网调度协议签订、信息采集和调度运行管理。对于接入低压配电网（380/220伏）的分布式电源，要及时准确掌握基本信息（用户名称、并网容量、所属配电变压器等）和运行信息，并将其纳入地区电能平衡管理。深入开展分布式电源对配电网、大电网运行影响分析，在分布式电源高比例接入地区开展电网消纳能力评估工作，引导分布式电源与配电网协调有序发展。

六、深化核心业务内控管理。各单位应深化OMS配电网调控模块在县、配调的应用，强化调控日志记录、操作票拟定与执行、调度计划管理、配网电子图异动等配网调控运行核心业务流程管控。省、地调应定期开展县、配调核心业务流程运转情况统计分析，并将结果纳入评价考核（评价建议指标详见附件）。

七、加强技术支撑手段建设。各单位应按照地县一体化、主配一体化的原则，加快配电网调度及新能源支撑模块建设，开发建设配电网潮流计算、状态估计，分布式电源调度运行管理，分布式电源功率预测等功能模块。

附件：配电网调控运行评价建议指标

国调中心

2018年6月22日

（此件发至收文单位本部及所属二级单位机关）

配电网调控运行评价建议指标

1. 县、配调调控员持证上岗覆盖率

指标说明：县、配调调控运行人员持证人数与在岗调控运行人员总数之间的比值，调控运行人员必须全员持证上岗。

计算公式：县、配调调控运行人员持证人数 / 县、配调在岗调控运行人员总数 × 100%。

2. 配电网停电计划执行率

指标说明：本指标考核 10～35 千伏配电网停电计划刚性执行情况，对未执行的停电计划或计划外的停电情况开展考核。

计算公式：[1－（未执行停电计划数＋非计划停电数）/ 考核周期内总停电数] × 100%。

3. 配电网停电执行合格率

指标说明：本指标考核 10～35 千伏配电网停电是否严格按批复的停、送电时间执行。实际停电时间超前计划批复停电时间计为本条次停电不合格；实际送电时间滞后计划批复送电时间计为本条次送电不合格。

计算公式：（1－停送电不合格条次 / 总停电条次）× 100%。（注：单条次停电和送电均不合格时计为 1 条次不合格，不重复计数。）

4. 低压配电网停电计划备案率

指标说明：本指标考核 B 类及以上地区低压配电网（0.4 千伏电网，含配电变压器）停电计划备案执行情况。

计算公式：（1－低压配电网未备案停电数 / 低压配电网停电总数）× 100%。（注：未开展 B 类及以上地区低压配电网停电计划备案

的本指标计为 0。）

5. 图形置位完成率

指标说明：调度技术支持系统中配网电子图设备状态正确置位次数与需要置位的设备总数之间的比值，设备停、复役应分别统计。

计算公式：配网电子图设备状态正确置位次数 / 需要置位的设备总数 ×100%。

6. 配网图模数据覆盖率

指标说明：调度技术支持系统应按要求完成配网图模建设，系统中配网图模数据总量应与地区 10 千伏实际出线数量保持一致。

计算公式：地区配网图模数据总量 / 地区 10 千伏实际出线总量 ×100%。

7. 配网图模数据通过率

指标说明：配网图模数据的模型文件、图形文件和图模型文件一致性三个方面均应满足已有的校验规则，对未通过校验的配网图模数据进行考核。

计算公式：地区配网图模数据校验通过数量 / 地区配网图模数据总量 ×100%。

8. OMS 核心业务流程应用规范率

指标说明：县、配调在 OMS 系统中的核心业务流程不得发生超时或不规范的情况，包括调度倒闸操作、新设备启动、停电计划执行、配网设备异动等流程。

计算公式：（1—不合格核心业务流程数 / 核心业务流程总数）×100%。

国调中心关于进一步完善配网调度技术支持系统图形模型的通知

（调技〔2017〕54 号）

各省（自治区、直辖市）电力公司，南瑞集团有限公司，中国电力科学研究院：

为适应配电网发展的新形势、新要求，进一步夯实配电网运行管理基础，提升配网调度技术支持系统图形模型建设标准化水平，国调中心组织制定了《配电网调度图形模型规范》，现印发给你们，并就配网调度技术支持系统图形模型完善工作提出以下要求，请各单位认真落实。

一、各单位要严格按照《配电网调度图形模型规范》要求，在2017年年底前完成配电变压器及以上所有调管设备的图形和模型建设，在一套配网调度技术支持系统上实现调管范围内配电网图形、模型的全覆盖，实现图模应用及维护的唯一性。

二、各单位要加强组织领导，在省、地两级成立以分管领导为组长，调控、运检等相关部门负责人为成员的配电网图模完善组织机构，建立完善定期会商和评价考核等工作机制，确保高质量完成建设任务。

三、各单位要加强过渡时期安全管控，严格落实配网电子接线图异动管理要求，处理好存量和增量图模数据的关系，确保图实相符，为配电网调度运行业务安全、高效开展提供可靠支撑。

四、各单位要对现有配网调度技术支持系统是否满足《配电网调度图形模型规范》要求进行评估，对不满足要求的系统进行升级改造。未建独立配电自动化系统主站的单位，应在地调调度控制系统中完成图模建设。已建独立配电自动化系统主站的单位，应在配电主站和地调调度控制系统中同步完成图模建设。

五、积极推动配电网图模高级应用功能试点建设。已完成配电网图模建设的单位，要积极开展主配一体防误及操作票校核、主配网联合反事故演习以及主配一体化的供电路径拓扑分析、解合环分析决策、停电计划辅助决策及风险分析等高级应用功能建设。

六、建立配电网技术支持系统图形模型建设完善工作评价考核机制。国调中心将在年内组织开展配电网图形模型建设完善情况专项检查，通过线上和线下等多种形式对各单位工作完成情况进行评价，评价结果纳入公司同业对标和企业负责人业绩考核，并对完成配电网图模高级应用建设的单位在企业负责人业绩考核中相应加分。

附件：配电网调度图形模型规范

国调中心

2017 年 4 月 28 日

（此件发至收文单位本部及所属二级单位机关）

配电网调度图形模型规范

目　　录

1　范围

本规范规定了 6～20 千伏配电网调度图形模型规范。

本规范适用于国家电网公司所属范围内省级以下各调度机构。

2　总体原则

配网图形和模型应遵循 IEC 61970/61968 标准，以馈线为基本单元，基于单线图进行图模一体化建模；配网与主网相同类型设备的图形采用主网图元样式、不同类型设备的图形采用本规范图元样式，配网模型按照本规范进行定义；主配网边界设备复用主网图形模型。

3　配电网物理模型描述

3.1　建模要素

参考 IEC 61970/61968 标准，配电网建模主要包括容器类对象、设备类对象的建模，模型应明确描述设备与容器的层级关系和电气设备与电气设备间的拓扑关系，对象类型及其对象属性可按照配电网应用需求进行扩充，其中，设备电压、电流、有功、无功、容量类属性的量纲分别为 kV、A、MW、Mvar、MVA。

3.1.1　容器

容器描述了一种组织和命名电气设备的方法，如变电站、馈线、配电站房都是容器类型；在配电网模型中，主要容器为馈线、配电站房。对于站外设备，其所属容器为馈线；对于站内设备，该设备所属一级容器为馈线，二级容器则为配电站房，主要通过所属馈线、所属站房两个属性字段进行描述。

3.1.2　电气设备

电气设备分为配电网运行的主设备和辅助设备。

主设备是直接用于生产的电气主回路设备，包括组合开关、断路器、负荷开关、熔断器、刀闸、接地刀闸、母线段、电源、储能设备、馈线段、电力用户、配电变压器、并联补偿器、电阻器、电抗器等。

辅助设备是用来支持主设备运行基本功能的一种设备，辅助设备通过连接点的关联连接到主设备上，包括故障指示器、电压互感器、杆塔等。

3.1.3 拓扑关系

拓扑关系描述了电气设备模型的拓扑连接关系，定义了物理连接节点号属性（I_node、J_node、K_node 等），根据其对外连接特性，导电设备可能有相应数目的端子，设备就包含同样数量的物理连接节点号属性，如双端设备断路器包含（I_node、J_node）两个物理连接节点号类属性，连接在同一连接点的导电设备，其相应的连接端子属性值相同。

3.2 配电网模型分类

3.2.1 馈线（Feeder）

一种设备容器，变电站出线开关下至联络开关或末端的一组设备集合，一般为馈线段、电能用户、配电变压器、断路器、负荷开关、刀闸等各种设备模型的集合。

表 1   **馈线模型描述（Feeder）**

序号	属性项	属性英文名	量纲	字段类型	属性要求
1	标识	id		string	对象实例内部存储的全局唯一的机器可读标识符
2	名称	name		string	设备中文名称
3	资源标识	rdfid		string	外部导入模型原系统中的全局唯一标识
4	电源厂站	HVSubstation		string	馈线所属的电源厂站，变电站标识引用

3.2.2 配电站房（DistributionSubstation）

一种设备容器，配电站房是用来描述站内一组设备模型的集合；对应实体：开关站、配电站、环网柜、电缆分支箱等，通过站房类型进行区分。

表2   配电站房模型描述（DistributionSubstation）

序号	属性项	属性英文名	量纲	字段类型	属性要求
1	标识	id		string	对象实例内部存储的全局唯一的机器可读标识符
2	名称	name		string	设备中文名称
3	资源标识	rdfid		string	外部导入模型原系统中的全局唯一标识
4	站房类型	type		enum	开关站、配电室、环网柜、电缆分支箱、箱式变、高压用户站等

3.2.3 组合开关（CompositeSwitch）

一种设备容器，一组独立开关的模型，这些开关通常封装在一个开关框中，可能具有联动装置以限制开关间的状态，组合开关和包含的开关集合也可以用于表示多状态开关；对应实体细分类型通过类型进行区分。

表3   组合开关模型描述（CompositeSwitch）

序号	属性项	属性英文名	量纲	字段类型	属性要求
1	标识	id		string	对象实例内部存储的全局唯一的机器可读标识符
2	名称	name		string	设备中文名称
3	资源标识	rdfid		string	外部导入模型原系统中的全局唯一标识
4	组合开关类型	type		enum	手车开关、熔断负荷手车开关、三工位断路器、三工位负荷开关、三工位刀闸、双向隔离开关、联动开关、T型开关、V型开关等
5	所属站房	Substation		string	对配电站房标识的引用
6	所属馈线	Feeder		string	对馈线标识的引用
7	基准电压标识	BaseVoltage		string	对基准电压标识的引用

3.2.4 断路器（Breaker）

一种机械切换设备，能在正常电路条件下接通、承载和切断电流，也可以在指定的异常电路条件下，例如在短路情况下，在规定的时间内接通和承载电流以及切断电流；拓扑设备类，双端子设备，对应实体细分类型通过类型进行区分。

表4　　　　　　　断路器模型描述（Breaker）

序号	属性项	属性英文名	量纲	字段类型	属性要求
1	标识	id		string	对象实例内部存储的全局唯一的机器可读标识符
2	名称	name		string	设备中文名称
3	资源标识	rdfid		string	外部导入模型原系统中的全局唯一标识
4	类型	type		enum	根据对应实体细分
5	物理连接节点号	I_node		string	物理连接节点号
6	物理连接节点号	J_node		string	物理连接节点号
7	所属组合开关	Composite Switch		string	对组合开关标识的引用
8	所属站房	Substation		string	对配电站房标识的引用
9	所属馈线	Feeder		string	对馈线标识的引用
10	基准电压标识	BaseVoltage		string	对基准电压标识的引用
11	常开位	normalOpen		string	开关常开位 1-常闭 0-常开
12	遮断电流	breaking Capacity		float	断路装置在规定条件下安全断开的最大故障电流

3.2.5 负荷开关（LoadBreakSwitch）

一种手动或电动的机械切换装置，用于非故障电流的电路隔离；

拓扑设备类，双端子设备，对应实体细分类型通过类型进行区分。

表 5　　　　　　　负荷开关模型描述（LoadBreakSwitch）

序号	属性项	属性英文名	量纲	字段类型	属性要求
1	标识	id		string	对象实例内部存储的全局唯一的机器可读标识符
2	名称	name		string	设备中文名称
3	资源标识	rdfid		string	外部导入模型原系统中的全局唯一标识
4	类型	type		enum	根据对应实体细分
5	物理连接节点号	I_node		string	物理连接节点号
6	物理连接节点号	J_node		string	物理连接节点号
7	所属组合开关	Composite Switch		string	对组合开关标识的引用
8	所属站房	Substation		string	对配电站房标识的引用
9	所属馈线	Feeder		string	对馈线标识的引用
10	基准电压标识	BaseVoltage		string	对基准电压标识的引用
11	常开位	normalOpen		string	开关常开位　1- 常闭 0- 常开

3.2.6　熔断器（Fuse）

一个带有可熔的断路元件的过电流保护器件，当过电流通过时，元件受热并熔断，是一种开关装置；拓扑设备类，双端子设备，对应实体细分类型通过类型进行区分。

表 6　　　　　　　熔断器模型描述（Fuse）

序号	属性项	属性英文名	量纲	字段类型	属性要求
1	标识	id		string	对象实例内部存储的全局唯一的机器可读标识符

序号	属性项	属性英文名	量纲	字段类型	属性要求
2	名称	name		string	设备中文名称
3	资源标识	rdfid		string	外部导入模型原系统中的全局唯一标识
4	类型	type		enum	根据对应实体细分
5	物理连接节点号	I_node		string	物理连接节点号
6	物理连接节点号	J_node		string	物理连接节点号
7	所属组合开关	Composite Switch		string	对组合开关标识的引用
8	所属站房	Substation		string	对配电站房标识的引用
9	所属馈线	Feeder		string	对馈线标识的引用
10	基准电压标识	BaseVoltage		string	对基准电压标识的引用

3.2.7 刀闸（Disconnector）

一种手动或电动的机械切换装置，用于改变电路接线或从电源隔离某个电路或设备，当断开或闭合电路时要求它只断开或闭合可忽略的电流；拓扑设备类，双端子设备，对应实体细分类型通过类型进行区分。

表 7　　　　　　刀闸模型描述（Disconnector）

序号	属性项	属性英文名	量纲	字段类型	属性要求
1	标识	id		string	对象实例内部存储的全局唯一的机器可读标识符
2	名称	name		string	设备中文名称
3	资源标识	rdfid		string	外部导入模型原系统中的全局唯一标识
4	类型	type		enum	根据对应实体细分

104

序号	属性项	属性英文名	量纲	字段类型	属性要求
5	物理连接节点号	I_node		string	物理连接节点号
6	物理连接节点号	J_node		string	物理连接节点号
7	所属组合开关	Composite Switch		string	对组合开关标识的引用
8	所属站房	Substation		string	对配电站房标识的引用
9	所属馈线	Feeder		string	对馈线标识的引用
10	基准电压标识	BaseVoltage		string	对基准电压标识的引用

3.2.8　接地刀闸（GroundDisconnector）

一种手动或电动的机械切换装置，用于馈线和设备的接地或断开；拓扑设备类，单端子设备。

表 8　　　接地刀闸模型描述（GroundDisconnector）

序号	属性项	属性英文名	量纲	字段类型	属性要求
1	标识	id		string	对象实例内部存储的全局唯一的机器可读标识符
2	名称	name		string	设备中文名称
3	资源标识	rdfid		string	外部导入模型原系统中的全局唯一标识
4	物理连接节点号	I_node		string	物理连接节点号
5	所属组合开关	CompositeSwitch		string	对组合开关标识的引用
6	所属站房	Substation		string	对配电站房标识的引用
7	所属馈线	Feeder		string	对馈线标识的引用
8	基准电压标识	BaseVoltage		string	对基准电压标识的引用

3.2.9 母线段（BusbarSection）

母线段是一个或一组可忽略阻抗的导体，用于连接一个站房内的其他导电设备。

表9 母线段模型描述（BusbarSection）

序号	属性项	属性英文名	量纲	字段类型	属性要求
1	标识	id		string	对象实例内部存储的全局唯一的机器可读标识符
2	名称	name		string	设备中文名称
3	资源标识	rdfid		string	外部导入模型原系统中的全局唯一标识
4	母线节点号	I_node		string	物理连接节点号
5	所属馈线	Feeder		string	对馈线标识的引用
6	所属站房	Substation		string	对配电站房标识的引用
7	基准电压标识	BaseVoltage		string	对基准电压标识的引用

3.2.10 电源（Generator）

常规发电设备类，主要用来提供电源；拓扑设备类，单端子设备，对应实体细分类型通过类型进行区分。

表10 发电机模型描述（Generator）

序号	属性项	属性英文名	量纲	字段类型	属性要求
1	标识	id		string	对象实例内部存储的全局唯一的机器可读标识符
2	名称	name		string	设备中文名称
3	资源标识	rdfid		string	外部导入模型原系统中的全局唯一标识
4	电源类型	type		enum	发电厂、火电厂、水电厂、光能发电、地热发电、风力发电、潮汐发电、垃圾发电、秸秆发电、冷热电三联供电等

序号	属性项	属性英文名	量纲	字段类型	属性要求
5	物理连接节点	I_node		string	物理连接节点
6	所属站房	Substation		string	对配电站房标识的引用
7	所属馈线	Feeder		string	对馈线标识的引用
8	基准电压标识	BaseVoltage		string	对基准电压标识的引用
9	额定有功功率	RatedPMW	MW	float	额定有功功率
10	额定无功功率	RatedQMW	MW	float	额定无功功率

3.2.11 储能设备（EnergyStorageEquipment）

分布式储能设备类，对应实体细分通过类型进行区分；拓扑设备类，单端子设备。

表 11　储能设备模型描述（EnergyStorageEquipment）

序号	属性项	属性英文名	量纲	字段类型	属性要求
1	标识	id		string	对象实例内部存储的全局唯一的机器可读标识符
2	名称	name		string	设备中文名称
3	资源标识	rdfid		string	外部导入模型原系统中的全局唯一标识
4	储能设备类型	type		enum	蓄电池等
5	物理连接节点	I_node		string	物理连接节点
6	所属馈线	Feeder		string	对馈线标识的引用
7	基准电压标识	BaseVoltage		string	对基准电压标识的引用
8	额定电压	RatedKV	kV	float	额定电压

序号	属性项	属性英文名	量纲	字段类型	属性要求
9	总电量	ActiveEnergy	kWh	float	总电量
10	额定输入功率	InRatedMW	MW	float	额定功率
11	额定输出功率	OutRatedMW	MW	float	额定功率

3.2.12 馈线段（ACLineSegment）

一段导线（电缆）或一组电气特性相同的导线（电缆）组成的一个单一的电气系统，用来在电力系统的两点之间传输交流电流；开断设备之间电流未发生变化的线段（若开断设备之间有 T 接则为多段导线段）为一个导线段；对应实体细分类型通过类型进行区分，拓扑设备类，双端子设备。

表 12　　　　馈线段模型描述（ACLineSegment）

序号	属性项	属性英文名	量纲	字段类型	属性要求
1	标识	id		string	对象实例内部存储的全局唯一的机器可读标识符
2	名称	name		string	设备中文名称
3	资源标识	rdfid		string	外部导入模型原系统中的全局唯一标识
4	线段类型	type		enum	架空、电缆等
5	物理连接节点号	I_node		string	物理连接节点号
6	物理连接节点号	J_node		string	物理连接节点号
7	所属馈线	Feeder		string	对馈线标识的引用
8	功率限值	ratedMW	MW	float	正常功率限值（热稳）
9	允许载流量	ratedCurrent	A	float	即正常电流限值

序号	属性项	属性英文名	量纲	字段类型	属性要求
10	基准电压标识	BaseVoltage		string	对基准电压标识的引用
11	线段型号	Model		string	线段型号
12	线段长度	Length	km	float	线段长度

3.2.13 电力用户（EnergyConsumer）

电力用户是电网资源模型的终端节点，对应实体细分类型通过类型进行区分；拓扑设备类，单端子设备。

表 13　　　　电力用户模型描述（EnergyConsumer）

序号	属性项	属性英文名	量纲	字段类型	属性要求
1	标识	id		string	对象实例内部存储的全局唯一的机器可读标识符
2	名称	name		string	设备中文名称
3	资源标识	rdfid		string	外部导入模型原系统中的全局唯一标识
4	类型	type		enum	根据对应实体细分
5	物理连接节点	I_node		string	物理连接节点
6	所属站房	Substation		string	对配电站房标识的引用
7	所属馈线	Feeder		string	对馈线标识的引用
8	基准电压标识	BaseVoltage		string	对基准电压标识的引用
9	额定功率	RatedMW	MW	float	额定功率

3.2.14 配电变压器（DistributionPowerTransformer）

配电网中根据电磁感应定律变换交流电压和电流而传输交流电能的一种设备；拓扑设备类，双端子设备。

表 14 配电变压器模型描述（DistributionPowerTransformer）

序号	属性项	属性英文名	量纲	字段类型	属性要求
1	标识	id		string	对象实例内部存储的全局唯一的机器可读标识符
2	名称	name		string	设备中文名称
3	资源标识	rdfid		string	外部导入模型原系统中的全局唯一标识
4	类型	type		enum	公用变压器、专用变压器（站用变压器）
5	所属站房	Substation		string	对配电站房标识的引用
6	所属馈线	Feeder		string	对馈线标识的引用
7	型号	Model		string	配电变压器型号
8	额定容量	ratedMVA	MVA	float	容量
9	高端物理连接节点	I_node		string	物理连接节点
10	高端基准电压标识	I_BaseVoltage		string	对基准电压标识的引用
11	高端额定功率	I_ratedMW	MW	float	视在功率
12	高端额定电压	I_ratedkV	kV	float	额定电压
13	低端物理连接节点	J_node		string	物理连接节点
14	低端基准电压标识	J_BaseVoltage		string	对基准电压标识的引用
15	低端额定功率	J_ratedMW	MW	float	视在功率
16	低端额定电压	J_ratedkV	kV	float	额定电压

110

3.2.15 电抗器（Reactor）

电气设备类之一，主要安装在站内；拓扑设备类，双端子设备。

表 15 　　　　　　　电抗器模型描述（Reactor）

序号	属性项	属性英文名	量纲	字段类型	属性要求
1	标识	id		string	对象实例内部存储的全局唯一的机器可读标识符
2	名称	name		string	设备中文名称
3	资源标识	rdfid		string	外部导入模型原系统中的全局唯一标识
4	类型	type		enum	串联电容、并联电容、可调电容等
5	物理连接节点	I_node		string	物理连接节点
6	物理连接节点	J_node		string	物理连接节点
7	基准电压标识	BaseVoltage		string	对基准电压标识的引用
8	所属站房	Substation		string	对配电网配电站房标识的引用

3.2.16 电容器（Capacitor）

电气设备类之一，主要安装在站内；拓扑设备类，双端子设备。

表 16 　　　　　　　电容器模型描述（Capacitor）

序号	属性项	属性英文名	量纲	字段类型	属性要求
1	标识	id		string	对象实例内部存储的全局唯一的机器可读标识符
2	名称	name		string	设备中文名称
3	资源标识	rdfid		string	外部导入模型原系统中的全局唯一标识

序号	属性项	属性英文名	量纲	字段类型	属性要求
4	物理连接节点	I_node		string	物理连接节点
5	物理连接节点	J_node		string	物理连接节点
6	基准电压标识	BaseVoltage		string	对基准电压标识的引用
7	所属站房	Substation		string	对配电站房标识的引用

3.2.17 故障指示器（FaultIndicator）

故障指示器通常只是一个指示器（可以远程监视，也可非远程监视），并不会触发保护事件。它的作用是协助调度员进行故障定位、隔离以及恢复"最有可能"的那部分网络（协助确定最可能发生故障的电路区段）；属于辅助设备的一种，主设备通常为馈线段。

表 17   故障指示器模型描述（FaultIndicator）

序号	属性项	属性英文名	量纲	字段类型	属性要求
1	标识	id		string	对象实例内部存储的全局唯一的机器可读标识符
2	名称	name		string	设备中文名称
3	资源标识	rdfid		string	外部导入模型原系统中的全局唯一标识
4	所属馈线	Feeder		string	对馈线标识的引用
5	所属站房	Substation		string	对配电站房标识的引用
6	关联设备标识	Conducting Equipment		string	对主设备标识的引用，如馈线段标识
7	物理连接节点	I_node		string	物理连接节点

112

3.2.18 电压互感器（TV）

电压互感器用于测量保护和/或监视回路的电气量；典型应用是作为电压传感器用于测量、保护，主要分布在站内；辅助设备设备的一种。

表 18 电压互感器模型描述（TV）

序号	属性项	属性英文名	量纲	字段类型	属性要求
1	标识	id		string	对象实例内部存储的全局唯一的机器可读标识符
2	名称	name		string	设备中文名称
3	资源标识	rdfid		string	外部导入模型原系统中的全局唯一标识
4	所属站房	Substation		string	对配电站房标识的引用
5	关联设备标识	Conducting Equipment		string	对主设备标识的引用
6	物理连接节点	I_node		string	物理连接节点

3.2.19 杆塔（Pole）

非带电装置，起支撑导线段作用。

表 19 杆塔模型描述（Pole）

序号	属性项	属性英文名	量纲	字段类型	属性要求
1	标识	id		string	对象实例内部存储的全局唯一的机器可读标识符
2	名称	name		string	设备中文名称
3	资源标识	rdfid		string	外部导入模型原系统中的全局唯一标识
4	物理连接节点	I_node		string	物理连接节点

113

4 配电网图形规范

4.1 图元样式

4.1.1 变电站

序号	类型	图元符号	规格说明	备注
1	变电站	B	3.0 / B / 1.5 / 1.0	

4.1.2 站房

序号	类型	图元符号	规格说明	备注
1	开关站	KG	3.0 / KG / 1.5 / 2.0	
2	配电室	PD	3.0 / PD / 1.5 / 2.0	
3	环网柜	HW	3.0 / HW / 1.5 / 2.0	
4	箱式变	XB	3.0 / XB / 1.5 / 2.0	
5	电缆分支箱	DF	3.0 / DF / 1.5 / 2.0	
6	高压用户站	类型标识	0.3 / 自 0.6 / 0.3 D1.5	"类型标识"位置用于标识高压用户的类型,可包括"双""自""多""重"等标识字样(可同时标识多个字样)

114

4.1.3 组合开关

序号	类型	状态	图元符号	规格说明	备注
1	手车开关	运行			
		热备			
		冷备			
2	熔断式手车负荷开关	运行			
		热备			
		冷备			
3	手车负荷开关	运行			

序号	类型	状态	图元符号	规格说明	备注
3	手车负荷开关	热备			
		冷备			
4	T 型开关	T 型开关 AB-C			
		T 型开关 B-C			
		T 型开关 A-C			
		T 型开关 A-B			
5	V 型开关	V 型开关 AB-C			
		V 型开关 B-C			
		V 型开关 OPEN			
		V 型开关 A-C			

116

序号	类型	状态	图元符号	规格说明	备注
6	三工位负荷开关	合			见 Q/GDW 624—2011
		分			
		接地			
7	三工位刀闸	合			
		分			
		接地			

序号	类型	状态	图元符号	规格说明	备注
8	三工位断路器	合			
		分			
		接地			
9	双向隔离开关	左			见 GB/T 4728.7—2008
		右			见 GB/T 4728.7—2008
		分			见 GB/T 4728.7—2008

序号	类型	状态	图元符号	规格说明	备注
10	联动开关	合			
		分			
		接地			

4.1.4 断路器

序号	类型	状态	图元符号	规格说明	备注
1	断路器	合			见 Q/GDW 624—2011
		分			

4.1.5 负荷开关

序号	类型	状态	图元符号	规格说明	备注
1	负荷开关	合			见 GB/T 4728.7—2008

119

序号	类型	状态	图元符号	规格说明	备注
1	负荷开关	分			见 GB/T 4728.7—2008

4.1.6　熔断器

序号	类型	状态	图元符号	规格说明	备注
1	跌落式熔断器	合			见 Q/GDW 624—2011
		分			
2	熔丝				

4.1.7　刀闸

序号	类型	状态	图元符号	规格说明	备注
1	刀闸	合			见 Q/GDW 624—2011

序号	类型	状态	图元符号	规格说明	备注
1	刀闸	分			见 Q/GDW 624—2011

4.1.8 接地刀闸

序号	类型	状态	图元符号	规格说明	备注
1	接地刀闸	合			见 Q/GDW 624—2011
		分			

4.1.9 母线段

序号	类型	图元符号	规格说明	备注
1	母线	——	线条粗细是馈线段的 3 倍	

4.1.10 馈线段

序号	类型	图元符号	规格说明	备注
1	电缆线	- - - - -		
2	架空线	——		

4.1.11 电源

序号	类型	图元符号	规格说明	备 注
1	发电厂		3.0 × 3.0	
2	火电厂		3.0 × 1.5	
3	水电厂		3.0 × 3.0	
4	光能发电站		3.0 × 1.5	
5	地热电厂		3.0 / 1.5 / 1.0 / 0.5	
6	风力发电站		3.0 × 1.5	
7	潮汐电站		3.0 / 1.5 / 1.5	
8	垃圾电站		3.0 / 1.0 / 1.5 / 0.5	
9	秸秆电厂		3.0 / 1.0 / 50° / 1.0 / 30° / 3.0	
10	冷热电三联供电站	CCHP	3.0 CCHP 3.0	

122

4.1.12 储能类

序号	类型	图元符号	规格说明	备注
1	储能			见 Q/GDW 624—2011

4.1.13 配电变压器

序号	类型	图元符号	规格说明	备注
1	公用变压器			
2	专用变压器（站用变压器）			

4.1.14 电力用户

序号	类型	图元符号	规格说明	备注
1	用户供电点	用	用	

4.1.15 电抗器

序号	类型	图元符号	规格说明	备注
1	电抗器			见 Q/GDW 624—2011
2	分裂电抗器			

123

4.1.16 电容器

序号	类型	图元符号	规格说明	备　注
1	串联电容器			见 Q/GDW 624—2011
2	并联电容器			
3	可调电容器			见 GB/T 4728.4—2005

4.1.17 故障指示器

序号	类型	状态	图元符号	规格说明	备　注
1	故障指示器	翻牌			见 Q/GDW 624—2011
		正常			

4.1.18 电压互感器

序号	类型	图元符号	规格说明	备　注
1	电压互感器			

4.1.19 杆塔

序号	类型	图元符号	规格说明	备　注
1	杆塔			

4.2 接线图样式

接线图样式分为站房图、单线图、环网图、系统图；原则上要求采用横平竖直的正交布局方式，线路与设备不能有交叉重叠，优先保证主干线的布局；单线图为调度控制业务的必备图形，站房图、环网图、系统图为调度控制业务的辅助图形。

4.2.1 站房图

站房图是以开关站、环网柜、配电室、箱式变、电缆分支箱、高压用户等站房为单位，描述站房内部接线和其间隔出线的联络关系，清晰反映站房内部的接线，直观展示站房供电范围的示意专题图形，站房图以间隔出线的电缆为边界，并在站房图完成绘制。

组成元素：站内开断类设备、母线、电压互感器、站内变压器、中压电缆等。

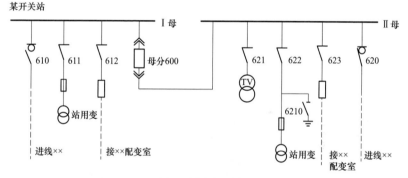

图 1 站房图示例

4.2.2 单线图

单线图是以单条馈线为单位，描述从变电站出线到线路末端或线路联络开关之间的所有调度管辖设备（单线图可根据具体需要选择绘制或者不绘制配电站房内接线）。

组成元素：变电站、环网柜、开关站、配电室、箱式变、电缆分支箱、负荷开关、断路器、刀闸、跌落式熔断器、组合开关、架空线、电缆、配电变压器、故障指示器及其杆塔等设备。

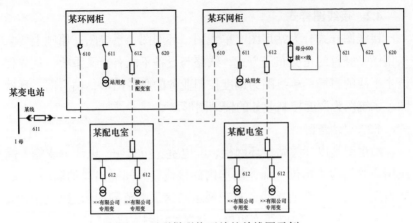

图 2　母联做联络开关的单线图示例

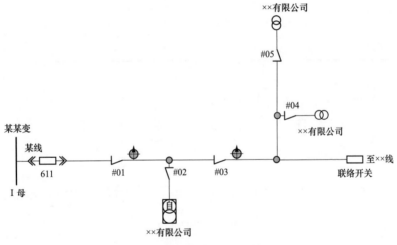

图 3　架空线路单线图示例

4.2.3　环网图

环网图包括环网详图和环网简图。

（1）环网详图：由两条或多条有联络关系的馈线组成，用于展示馈线的环网联络细节情况的图形，包含所联络相关馈线的全部主干、分支线路上调度管辖设备。

组成元素：变电站、环网柜、开关站、配电室、箱式变、负荷开关、断路器、刀闸、跌落式熔断器、组合开关、架空线、电缆、配电变压器、分支箱、故障指示器等多条馈线上主干和分支线的设备。

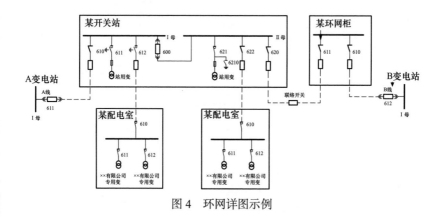

图4 环网详图示例

（2）环网简图：由两条或多条有联络关系的馈线主干部分组成，用于展示馈线环网主干的联络情况，仅包含所联络相关馈线主干线路上的调度管辖设备。

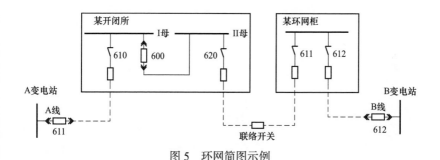

图5 环网简图示例

组成元素：变电站、环网柜、开关站、配电室、分支箱、母线、负荷开关、断路器、刀闸、组合开关、架空线、电缆等多条馈线主干线上的设备。

4.2.4 系统图

系统图是以变电站为单位，描述变电站之间配电线路联络关系的示意图形；仅包含配电联络线和联络开关。通过系统图可快速定位到对应的环网图或单线图。

组成元素：变电站、联络线、联络开关、简化站房等。

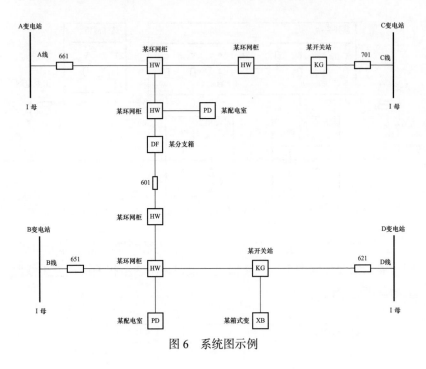

图 6　系统图示例

128

国调中心关于进一步加强配电网调度运行的若干意见

（调技〔2016〕100 号）

各省（自治区、直辖市）电力公司，南瑞集团有限公司，中国电力科学研究院：

为适应配电网发展的新形势、新要求，保障配电网安全、优质、经济运行，实现配电网调度管理的标准化、专业化、精益化，进一步提升配电网调度管理及优质服务水平，现就加强配电网调度运行管理提出如下工作意见：

一、进一步规范配电网调度运行管理。合理安排值班力量，保证运行人员到位率满足五值三运转要求。调度运行人员必须 100% 持证上岗，调度对象应由调控机构培训、考核合格并取得调度业务联系资格。

二、进一步强化配电网停电计划管理。配电网停电计划管理实现由中压配电网（6～35 千伏电网）到低压配电网（0.4 千伏电网，含配电变压器）停电计划的全覆盖。中压配电网停电计划执行许可管理。低压配电网停电计划执行备案管理，A 类、A+ 类地区各单位低压配电网计划全面执行备案管理，其他地区根据各单位情况有序推进低压配电网计划备案管理，计划申请单位应按周向地、县调报送停电计划备案。各单位制定相关管理制度，严禁非许可、非备案工作开工，计划执行情况应纳入地、县公司企业负责人业绩考核。

三、落实配电网设备调度命名规范。各单位应严格执行本单位印发的"配电网调度命名规范"，制定实施计划，在 2020 年底前全面完成配电网设备调度命名规范工作，确保地级市范围内配电网设备调度命名唯一性和规范性。

四、加强配电网保护整定管理。各单位应将配电网保护的整定纳入继电保护年度继电保护整定方案，明确相关保护投退要求，确保主、配网保护逐级配合、保护动作正确灵敏。

五、规范配网调度技术支持系统交接验收管理。配网调度技术支持系统（主配网一体化调度控制系统或配电自动化主站）投运前需向省调提交验收申请，由省调负责组织系统验收，验收合格后，方可移交地、县调应用。省调牵头制定配网调度技术支持系统交接验收细则，明确系统交接验收应具备的条件、验收内容、验收资料、验收组织、系统功能和指标核查等内容。

六、强化核心业务内控管理。深化 OMS 配电网调控模块功能应用，确保配电网核心业务流程的常态化运行，各单位应依托配电网调度管理模块按月开展核心流程运转情况统计分析，并纳入地、县公司企业负责人业绩考核。

七、规范配电网调度监视信息。各单位应结合实际情况，规范配电网调度监视信息管理，省调应于 2016 年底前完成配电网调度监视信息接入、调试、验收及典型信息表等制度规范制定。

附件：配网调度技术支持系统交接验收要求

国调中心

2016 年 8 月 1 日

（此件发至收文单位所属各级单位）

130

附件

配网调度技术支持系统交接验收要求

为加强配网调度技术支持系统投运前的质量管控，提高系统运行的可靠性和安全性，保障数据采集完整、应用功能实用和运行维护方便，就系统交接验收工作提出如下要求。

一、系统安全防护。系统安全防护应符合《电力监控系统安全防护规定》（国家发展改革委令〔2014〕第 14 号）、《电力监控系统安全防护总体方案》（国能安全〔2015〕36 号）和《关于加强配电网自动化系统安全防护工作的通知》（国家电网调〔2011〕168 号）的要求，按照"安全分区、网络专用、横向隔离、纵向认证"的原则全面进行防护。系统设计方案应提交省调进行安全防护专项审核，审核不通过的新建系统需整改通过后方可在生产控制大区部署；在运系统中不满足安全防护要求的设备及功能模块应立即停运并限期完成整改。

二、模型/图形。模型/图形应在一套调度技术支持系统中实现高/中/低压一体化建模、维护和应用，图形类型应包括单线图、联络图、系统图等。应通过图模自动导入方式实现配电网电子接线图的绘制成图及异动管理。

三、数据采集。数据采集应遵循"直采直送"的原则，遥测、遥信、遥控数据应参照《智能电网调度控制系统实用化要求（试行）》（调自〔2013〕194 号）、行业标准《配电网调度控制系统技术规范》满足业务实时性要求。系统应满足电网运行的实时量测、电网设备状态信息、保护信息、配电终端数据等采集需求，且提供统一的数据监视、工况监视、操作、维护、统计等功能。

四、信息采集范围

（1）遥测：一次设备有功、无功、电流、电压。

（2）遥信：一次设备开关位置、重要告警、保护动作信息。

（3）遥控：一次设备开关远方分、合控制。

五、操作与控制功能。系统应具备人工置位（数）、标识牌操作、闭锁和解锁、防误闭锁和远方控制功能。

六、告警功能。系统应具备信息分类、分区、分流和合并等功能。责任区划分与用户角色分配应具备定制化设置功能。

七、拓扑分析功能。系统应具备自动拓扑分析、带电着色、负荷转供分析、电源点自动追溯等功能。

八、集中式馈线自动化功能。系统应具备馈线自动化交互式、全自动式投退功能，具备故障判断与定位、故障区域隔离和非故障区域恢复供电功能。

九、系统运维功能。系统应具备人机界面维护、系统管理、权限管理、报表管理、案例管理等功能，提供可靠易用的维护工具。

十、系统性能。

1. 系统冗余性，应具备以下要求：

（1）系统热备切换时间不大于 20 秒。

（2）系统冷备切换时间不大于 5 分钟。

2. 实时数据，应具备以下要求：

（1）遥控量从选中到命令送出主站系统不大于 2 秒。

（2）开关变位信息从数据采集服务器到告警信息推出时间不大于 1 秒。

（3）开关变位信息从公网数据采集服务器到告警信息推出时间不大于 20 秒。

（4）专网通信条件下开关量变位到主站传送时间不大于 5 秒。

（5）专网通信条件下遥测变化到主站传送时间不大于 10 秒。

（6）专网通信条件下事件顺序记录分辨率不大于 1 毫秒。

（7）公网通信条件下开关量变位到主站不大于 3 分钟。

（8）公网通信条件下遥测变化传送时间不大于 3 分钟。

3. 画面响应，应具备以下要求：

（1）所有画面（不含 GIS 图）调用响应时间不大于 3 秒。

（2）所有画面（含 GIS 图的画面）调用响应时间不大于 10 秒。

（3）事故推画面响应时间不大于 10 秒。

4. 数据跨区传输，应具备以下要求：

（1）信息跨越正向物理隔离时的数据传输时延不大于 3 秒。

（2）信息跨越反向物理隔离时的数据传输时延不大于 20 秒。

5. 模型导入要求：单条馈线图模导入时间小于 2 分钟。

国调中心、国网运检部、国网营销部关于开展配网故障研判及抢修指挥平台（PMS2.0）功能完善的通知

（调技〔2016〕21号）

各省（自治区、直辖市）电力公司，国家电网公司客户服务中心，南瑞集团有限公司：

为加强各单位配网故障研判及抢修指挥管理技术支撑手段建设，进一步提升配网故障研判水平和抢修指挥效率，切实提升优质服务水平，国调中心、国网运检部、国网营销部经研究协商后提出如下工作要求，请各单位遵照执行。工作推进中的问题应及时向总部反馈。

（1）配网故障研判及抢修指挥平台的功能完善应以PMS2.0系统配抢指挥模块为基础平台，总部层面由国调中心牵头，国网运检部、国网营销部配合，省公司层面由省调控中心牵头，省运检部、省营销部配合。配网故障研判及抢修指挥平台功能应满足《国家电网公司配网故障研判技术原则及技术支持系统功能规范》（调技〔2015〕83号）文件及PMS2.0整体架构设计要求。

（2）为保证配网抢修指挥业务的7×24小时不间断运行，以及平台功能完善升级灵活高效，配网故障研判及抢修指挥平台接派工单功能硬件配置应与PMS2.0系统相对独立，不受PMS2.0系统检修、升级等影响。

（3）公司在总部、省公司层面分别建立由调度、运检、营销专业组成的联合工作组，负责PMS2.0配网故障研判及抢修指挥平台上线前的联合评估验收工作，做好相关组织和技术保障措施，确保业务系统在切换后配网抢修指挥工作不断不乱。为保证平台的可靠运行，各单位调控中心应加强对平台运维单位的管理考核。

（4）配网故障研判及抢修指挥平台功能完善工作按照试点先行，积极推进的原则开展。选取冀北、山东、安徽、江西、湖北、重庆公

司作为试点单位，2016年6月底前完成平台功能完善及上线工作。其他单位应经总部、省公司联合工作组评估后，稳步推进具备条件的地市公司平台部署和上线。

（5）各单位配网故障研判及抢修指挥平台（PMS2.0）上线应用后，在确保数据结构和基本流程一致性的基础上，将进一步加大差异化应用配置建设，鼓励各单位根据自身需求完善提升平台功能，并向国调中心和国网运检部报备。

国调中心　国网运检部　国网营销部
2016年2月22日

（此件发至收文单位本部）

国家电网公司关于进一步加强
配电网调度管理的通知

(国家电网调〔2015〕409 号)

各省（自治区、直辖市）电力公司：

为进一步夯实大运行体系建设成果，继续深化地县调业务集约统筹，着力解决配电网管理薄弱问题，切实提升配电网调度运行及管理水平，实现配电网调度管理的标准化、规范化、专业化、精益化，确保配电网调度各项工作安全有序开展，现提出如下工作要求：

一、加强配电网调度安全管理

（1）配电网调度管理各项工作必须贯彻"安全第一、预防为主、综合治理"的方针，严格执行电力安全工作规程有关规定。

（2）梳理配电网调度安全管理有关规程制度，及时修订相关内容，确保安全管理体系建设上无死角；加强培训宣贯，严格执行规程制度，确保安全管理在贯彻落实上无死角。

（3）加强配电网调度运行风险管理，将配电网运行风险纳入省公司风险管理体系统一管理，重点加强配电网运行风险预警、分布式电源接入与运行、用户设备并网等方面的安全管理。

二、规范配电网设备调度命名

（1）省公司负责统一配电网设备调度命名规范管理，结合本单位配电网管理特点，遵循全面性、适用性原则，制订（修订）配电网设备调度命名规范。各地市公司实施，确保地级市范围内配电网设备调度命名具有唯一性。

（2）配电网设备调度命名应统一编码规则、号段分配、字符长度等内容，确保配电网设备调度命名形式统一。

（3）配电网设备调度命名应科学规范，设备命名应使用包含中文名称和数字（字母）的双重编号。

（4）统筹开展配电网设备调度命名管理工作，按照"新设备新办法、老设备逐步调整"的原则，做好新老设备命名共存期间的安全风险管控。

三、强化配电网电子接线图管理

（1）配电网电子接线图应在地县一体化调度自动化系统或配电自动化主站系统上展示和使用，按照"图形源端维护"的原则开展图形维护，保证图形准确，并实现拓扑着色和图形置位功能，通过单线图、联络图和系统图展示配电网电气接线结构和运行信息，并满足配电自动化终端实时数据接入的相关应用要求。

（2）加强配电网电子接线图管理，制定省内统一的配电网电子接线图管理办法。

（3）规范配电网电子接线图调度应用管理，确保配电网电子接线图与现场运行保持一致。对于已接入配电自动化终端的数据，要进一步提高数据采集的可靠性、准确性和及时性；对于尚未实现数据自动采集的设备，要在现场设备运行状态发生变化后，及时完成电子接线图中对应设备的状态置位。

（4）建立健全配电网电子接线图运行维护管理机制，明确调控中心作为配电网电子接线图的归口管理部门，明晰相关部门、单位职责，完善评价考核机制。

（5）落实设备异动工作职责和工作流程，实现跨专业、跨部门的配电网电子接线图异动管理线上流程，确保配电网电子接线图与现场实际保持一致。

四、加强配电网调度运行管理

（1）省公司应组织制定省内统一的配电网调度规程，规范配电网调度管理，细化工作要求，2015年底前完成规程编制。

（2）规范配电网电压、无功管理，由地调统一制定、发布 AVC控制策略；建立中压配电网与上级电网的电压无功协调机制，优化控制策略，逐步提高 AVC 闭环运行比例，保证变电站的 10kV（6kV）

母线电压运行在合格范围内。

五、实现地县调核心流程上线运行

（1）推进地县调月度停电计划、设备停电申请、继电保护定值管理、配电网电子接线图管理等核心业务流程线上运转。

（2）将配电网调度管理核心业务流程审计监督纳入地县调控机构安全生产监督体系，注重过程管控和节点监督，推行关键节点工作标准化，实现安全生产全过程闭环管理。流程运转及审计监督情况应纳入地县调控机构工作评价考核。

六、提升配电网调度专业管理能力

（1）建立配电网调度生产管理统计分析及通报机制，数据统计应真实、完整、准确，通报内容和范围应保证全面覆盖、重点突出。

（2）完善配电网数据统计报送的技术手段，提升报送数据的自动采集率，加强多系统数据的集成共享，实现工单信息、设备台账信息共享等功能。

（3）建立计划停电综合平衡及过程管控机制，通过开展用户临时停电情况、重要用户信息以及停电损失等方面分析，合理安排停电计划，减少客户重复停电，提高供电可靠性。

七、推进配网调度技术支持手段建设

（1）遵循经济适用和分区分类建设的原则，加强适用的配网调度技术支持手段建设，整合相关建设成果，着力解决配电网"盲调"问题。

（2）逐步提高配电网调度实时监控数据的覆盖率和采集数据精度，有效利用相关系统信息，并集成故障指示器、智能配电变压器终端、剩余电流动作保护器（配电变压器）、用电信息采集等数据，提升配电网设备调度运行管控能力。

（3）积极推进配电网抢修指挥平台建设，促进相关系统的信息贯通以及数据的综合集成应用；综合利用营配调数据贯通成果，推进高级应用功能开发，实现故障自动研判、停电信息自动发布、工单自动

合并与派发、主动抢修等功能；通过手机 APP 等移动终端应用的部署，实现抢修现场信息的及时传递，提高配电网故障研判精度，提升抢修指挥业务质量。

八、强化配电网调度队伍建设

（1）省公司统一组织开展配电网调度培训工作，制定培训计划，组织开展有针对性的培训，切实提高配电网调度运行和抢修指挥水平，保证人员满足岗位工作要求。

（2）建立健全配电网调度运行、抢修指挥值班人员定期现场培训机制，制定现场培训计划，协调运维单位落实培训要求，满足值班人员熟悉现场设备的需要。

（3）完善地县调调度对象运行及值班人员培训管理制度，由地调统一组织开展地区内相关人员的定期培训考试，进一步提高配电网调度运行效率。

国家电网公司
2015 年 5 月 4 日

（此件发至收文单位所属各级单位）

国调中心关于印发《智能电网调度控制系统调度管理应用（OMS）配电网调控应用管理规范》的通知

（调技〔2015〕111号）

各省（自治区、直辖市）电力公司：

　　为进一步加强配电网调度管理工作，更好地依托智能电网调度控制系统调度管理应用（OMS）开展各项业务，保障配网调控业务规范、高效开展，国调中心编制了《智能电网调度控制系统调度管理应用（OMS）配电网调控应用管理规范》，请各单位严格执行相关要求。配电网调度各项业务应在 2015 年 12 月 31 日前在智能电网调度控制系统调度管理应用（OMS）上单轨运行。

国调中心

2015 年 11 月 19 日

（此件发至收文单位本部）

附件

智能电网调度控制系统调度管理应用（OMS）配电网调控应用管理规范

第一章 总 则

第一条 为规范智能电网调度控制系统调度管理应用（简称OMS）配电网调控应用，保障配电网调控业务规范、高效开展，依据有关技术标准和公司有关规定，特制定本规范。

第二条 OMS配电网调控应用主要包括配电网调控日志、配电网调控操作票、事故预案编制、拉限电管理、配电网调度计划、配电网停役申请、配电网新设备启动管理、配电网运行方式管理、配电网继电保护整定管理、配电网调度控制系统信息管理、配电网电子接线图异动管理等。

第三条 本规范针对OMS配电网调控应用的职责分工、应用管理、考核评价等内容作出规定。

第四条 本规范适用于公司系统涉及配电网调控业务的相关单位。

第五条 配电网调控与主网业务实行同质化管理的单位，相关应用管理要求可参照主网业务执行。

第二章 职 责 分 工

第六条 国家电力调度控制中心（以下简称国调中心）是OMS配电网调控应用的归口管理部门，主要职责包括：

（1）组织制（修）订OMS配电网调控应用相关业务管理制度、标准规范和设计方案。

（2）指导、监督和考核各单位配电网调控应用管理工作，组织开展实用化评价。

（3）协调解决OMS配电网调控应用有关问题，审定系统业务变更需求，组织开展系统功能完善、升级和发布工作。

第七条 省级电力调度控制中心（以下简称省调）是本省 OMS 配电网调控应用的归口管理部门，主要职责包括：

（1）贯彻执行公司颁布的 OMS 配电网调控应用相关业务管理制度和标准规范。

（2）指导、监督和考核本单位 OMS 配电网调控应用工作，按要求开展本省实用化评价。

（3）组织制定或完善本省配电网调控业务流程。

（4）协调解决 OMS 配电网调控应用有关问题，汇总审核本省系统业务变更需求及系统缺陷并上报国调中心，组织本省系统升级功能测试等。

（5）省调综合技术处负责本应用运行情况的评价考核，自动化处负责本应用的建设及运维。

第八条 地、县电力调度控制中心是 OMS 配电网调控应用和管理部门，主要职责包括：

（1）按照系统业务应用要求组织开展 OMS 配电网调控应用，进行相关数据的填报及维护。

（2）指导、监督和考核本单位 OMS 配电网调控应用工作。

（3）协调解决系统应用有关问题，提出并审核本单位系统业务变更需求及系统缺陷并上报上级调控机构。

第三章 应 用 管 理

第九条 配电网设备台账管理

（1）配电网设备台账应按 OMS 设备台账模块进行分类填报和维护，由相关调控机构审核后发布。设备台账应严格按照要求录入，不得遗漏。

（2）配电网设备台账信息应真实、规范，台账数据结构应满足统一格式和样式的要求，并与生产系统对应的数据台账保持一致，调控机构应对调管范围内配电网数据台账的真实性、规范性、准确性负责。

（3）各级调控机构应根据配电网设备台账维护要求在设备台账变

更后及时完成相关维护工作。

（4）各级调控机构应做好 OMS 中配电网设备台账信息的安全保密工作，不得随意扩散。

（5）具备 PMS 与 OMS 互联互通的单位，应优先选用配电网设备台账的共享和一致。

第十条　配电网调控日志

（1）配电网调控日志应在 OMS 中进行分类填写，填写内容应规范、完整、及时，不得遗漏，不得随意修改、删除。

（2）配电网调控排班表应由本级调控机构调控专业负责人在每月月底前发布，值班调控员应严格按照排班表进行调控值班。

（3）配电网调控值班应按照各单位配电网规模和人员构成合理排班，原则上应按照五值三运转模式进行排班。

第十一条　配电网调控操作票

（1）OMS 调度操作票应根据已经批准的电气设备停役申请单、用户停电申请单、设备调试调度方案、临时工作要求等拟写。拟写时应核对主配电网调度自动化系统、配电网电子接线图等技术支持系统及有关技术资料（如典型操作票、继电保护整定书、设备运行限额、短路容量表、消弧线圈资料等），核对经批准的运行方式要求，审查停役申请单上的工作内容与所要求的安全措施是否正确完备。

（2）拟写操作票时应使用"调度术语""调度设备双重命名"（设备名称和编号）。拟写时应按操作步骤逐项写明，在操作项目格内不准用"同上"等简化词语。

（3）正常电气操作票或操作指令票应至少在操作前 1 天拟写完毕，一份操作票至少应有 1 个审核人签名（临时当班填写的操作票至少应有一人审核和批准），审核人不能与拟票人为同一人。

（4）已经审核或正在审核的操作指令票，因电气接线的变更或其他原因，部分操作无需执行，允许在不执行项目的发令时间栏处填写"此步不执行"，并在备注栏内注明原因，但不允许变更操作程序。审核中如需变动程序，应将原操作票作废，重新拟写操作票。

（5）调度操作票应有明确唯一的编号，任务明确、票面清晰，拟票、审核、监护、发令人皆应签全名。签名应由 OMS 调度操作票模块实现手动点选确认，不应由人工逐字录入。

第十二条　事故预案编制

（1）七级及以上风险的配电网计划检修工作，均需在 OMS 中编制事故预案。

（2）调控机构值班调控员负责收集事故预案编制所需的相关依据、必要信息和各专业部门意见以及相关调度机构要求，编制事故预案。

（3）调控机构调控运行、方式计划、继电保护、自动化等专业各自负责在 1 个工作日内完成 OMS 中事故预案的专业会签，提出专业意见。

（4）调控机构负责人应在 1 个工作日内完成事故预案审核，由调控运行专业负责人发布。

第十三条　拉限电管理

（1）拉限电分为紧急事故拉限电和超供电能力拉限电两类。调控机构应根据经地方政府主管部门批复的"紧急事故拉限电序位表""超供电能力拉限电序位表"进行拉限电管理。

（2）调控机构在执行拉限电前，要按照有序用电相关要求，核对线路名单，确认拉限线路是否带有地方政府主管部门批复的一、二级重要用户和临时重要用户。

（3）调控机构在执行拉限电时，应将拉限电时间、线路名称、拉限负荷记录在 OMS 中，并根据相应要求做好统计上报工作。

第十四条　配电网设备月度停电调度计划

（1）各相关单位应通过 OMS 向调控机构申报次月配电网设备月度停电检修计划和启动计划。由调控机构组织相关部门召开配电网设备月度停电调度计划平衡会，并于月底前发布经批准的月度停电调度计划。

（2）设备运维单位上报设备月度停电检修计划时，填写内容必须详细、规范，严格按照 OMS 要求填写停电设备（范围）、停电类别、停电时间、送电时间、工作内容、变电站、联系人、工作单位等内容，不得遗漏。设备停电检修若受天气等条件影响，应在备注中注明。

（3）调控机构在 OMS 中将设备月度停电计划汇总后提交审查，根据审查结果编制设备月度停电调度计划。

（4）月度计划经批准后必须严格执行。不能执行月度计划的部门必须在第一时间向调度机构申请并报送变更原因，经调度机构同意后对月度计划进行调整。

第十五条 配电网设备停役申请

（1）设备运维单位按照停电计划安排，通过 OMS 提前申报设备停役申请。调控机构按照规定的时间要求在计划执行前下发经批准的设备停役申请。

（2）调控机构应在 OMS 中对设备停役申请进行审批，如发现停电范围或安全措施不符时，应退回设备停役申请，并通知申请单位重新办理。

（3）电气设备检修如不能按批准的时间完工，应在 OMS 办理延期申请手续，做好相应记录。计划检修只能申请延期一次。

第十六条 配电网新设备启动

（1）工程主管部门通过 OMS 上报工程资料、各类图纸和设备参数，并对上报资料的正确性负责。

（2）调控机构系统运行专业在 OMS 中审核新设备投运所需图纸及资料的完整性；下达新设备调度命名及调度关系划分，编制新设备调度启动方案；根据设备输送限额，确定运行方式。

（3）调控机构继电保护专业在 OMS 中审核继电保护整定计算所需图纸资料和参数的完整性；下达继电保护设备调度命名，开展继电保护整定计算，编制继电保护整定单；会签新设备调度启动方案，配合运行方式专业确定运行方式。

（4）调控机构自动化专业在 OMS 中审核自动化专业所需图纸及资料；下达已通过审核的信息表，负责厂站及配电终端信息的接入工作；负责新设备相关主站自动化系统、电量采集系统的数据库生成、核对及系统联调。

（5）调控机构调控运行专业在 OMS 中审核信息表；会签新设备启动送电申请，编制新设备启动调度操作票，执行新设备启动操作任务。

第十七条 配电网运行方式管理

（1）规划、建设、营销、运检等专业应于每年 10 月底前在 OMS 中提交配电网年度运行方式编制所需的相关资料和技术参数。

（2）调控机构通过 OMS 接收配电网年度运行方式所需的相关资料和技术参数，开展配电网年度运行方式报告的编制，对配电网运行方式进行计算校核；负责各年度配电网运行方式报告的归档管理。

（3）调控机构配电网运方专业负责在 OMS 中接收主网运行方式变更单，并根据配电网设备检修申请单、保电申请单、配电网运行情况以及主网运行方式变更单等编制配电网运行方式变更单，经调控机构负责人审核后，提前 1 个工作日流转至配电网调控运行专业。

（4）调控机构配电网调控运行专业在 OMS 中接收配电网运行方式变更单，编制配电网调度操作票，安排调度操作。

第十八条 配电网继电保护整定管理

（1）基建、技改工程由工程主管单位通过 OMS 向相应调控机构提供规范的设备参数及工程资料。

（2）调控机构通过 OMS 接收整定计算所需的参数和资料，开展整定计算工作；负责继电保护定值的计算和定值单的编制、校核（复算）、审核（可选）、批准和维护，以及整定资料和参数的归档管理。

（3）调控机构负责人通过 OMS 签发继电保护定值单。

（4）设备运维单位通过 OMS 接收继电保护定值单，根据定值单开展现场设置整定定值等工作。

（5）设备运维单位应在规定时间内在 OMS 中反馈继电保护定值单执行情况。

第十九条 配电网调度控制系统（配电自动化系统主站，以下简称配电主站）信息管理

（一）台账管理

OMS 应建立配电主站、配电终端等相关设备台账，并实现对主站、终端设备的投运、运行、退役全生命周期的管理。

（二）终端接入管理

（1）配电设备的新建、改造和更换等需要变更配电终端信号采集的，应由设备运维单位在 OMS 提交配电主站监控信号接入（变更）申请。

（2）设备运维单位应在设备投运前，提前 3 个工作日向调控机构提交配电主站信息接入（变更）申请、信息表等相关接入资料。

（3）对涉及配电设备单线图模型变更的配电自动化信号（接入）变更申请，设备运维单位需审核后按电子接线图异动流程提交设备图形及模型，经调控机构审核正确后在线导入配电主站。主站图模更新成功后，信息表方可提交配电主站维护。

（4）设备运维单位在 OMS 提交的信息表应规范准确；调控机构收到配电主站信息接入申请和信息表后应对信息表进行审核，经审核通过后，方可进行调试；自动化"三遥"站房应经调试验收确认"三遥"功能合格后，方可投入运行。

（5）配电自动化设备信息验收完毕后，调控机构和设备运维单位应同步做好验收记录，并做好资料归档工作。

（三）检修、消缺管理

（1）与配电自动化运行和维护相关的配电主站系统、配电通信系统（含配电通信终端）、配电自动化终端设备（含附属设备及相关回路）的检修和缺陷均应在 OMS 进行登记和全过程管理。

（2）调控机构自动化运维人员负责对填报的缺陷单进行分析（可根据需要附上分析报告，如遥信动作记录文件、系统截图等），根据职责分工初步判断缺陷处理责任单位并流转。

（3）责任单位对相关缺陷进行处理后，应在缺陷管理模块中进行详细的缺陷记录，填写内容应包括但不限于以下字段：原因分析、故障情况、影响范围、遥控投退、处理过程及结果，并提交给相关人员进行消缺确认。

（4）缺陷填报人所在班组负责对本班组填报的缺陷进行确认、归档。对于配电主站急需处理的缺陷，可以先电话联系进行紧急处理，完成后应及时补充填报缺陷流程。

（四）主站版本管理

（1）配电主站功能模块的投运、升级改造等相关工作应由自动化运维人员在 OMS 中提交申请，经自动化主管人员审批后，方可开展主站能模块的投运、升级改造工作。

（2）在主站升级改造过程中对有可能造成影响的用户和相关系统，自动化运维人员应提前告知，并做好系统运行保障工作和风险预案。

（3）自动化运维人员应在 OMS 中对主站版本技术资料进行上传和存档，包括主站程序版本及功能说明、程序发布脚本、调度员使用手册、自动化维护手册等资料。

第二十条 配电网电子接线图异动管理

（1）配电网电子接线图应基于配电主站、调度自动化系统、生产管理系统绘制，描述配电网电气接线结构和电网运行信息，是对电网地理接线图简化和概括的逻辑电气图，包括供电范围图、电网系统图、单线图及配电站所图。

（2）地（县）公司运维检修部（营销部）负责对配电网设备异动现场数据变动情况进行收集和整理，在 OMS 发起配电网电子接线图异动申请流程，申请单中需包括新投、异动前后的配电网图形接线，并将配电网设备异动相关资料提交本单位调控中心审核。

（3）地（县）公司调控中心根据配电网设备异动相关资料，完成本专业职责范围内配电网电子接线图的校核工作，确保配电网电子接线图维护的准确性和及时性。

（4）各单位应建立配电网电子接线图运行维护体系，细化配电网电子接线图异动流程，落实设备异动工作职责，加强专业协同，明确配电网设备异动分工和工作职责。建立跨专业，跨部门的配电网电子接线图异动管理线上流程，各单位应按照专业职责范围对配电网电子接线图进行维护，务必确保配电网电子接线图与现场实际保持一致。

第四章 评 价 与 考 核

第二十一条 国调中心负责对各单位 OMS 配电网调控应用进行评价和考核。

第二十二条 各单位应结合公司评价指标体系制定本单位 OMS 配电网调控应用考评细则，将配电网调控应用指标纳入本单位评价指标体系，持续提升系统应用水平。

第二十三条 评价结果统一纳入公司调控机构专业评价考核。

第五章 附　　则

第二十四条 本规范由国调中心负责解释。

第二十五条 本规范自颁布之日起执行。

国调中心关于印发国家电网公司配网方式
计划管理规定的通知

（调技〔2015〕84号）

各省（自治区、直辖市）电力公司：

为进一步夯实公司系统配电网调度管理基础，切实提升各单位配电网方式计划管理水平，规范配网运行方式安排，减少配网非计划停电、重复停电等引起的供电服务影响，提高配电网调度管理的精益化水平，国调中心组织编制了《国家电网公司配网方式计划管理规定》，请遵照执行。

国调中心

2015年8月26日

（此件发至收文单位所属各级单位）

附件

国家电网公司配网方式计划管理规定

第一章 总 则

第一条 为加强国家电网公司(以下简称"公司")配电网方式计划管理,规范配网运行方式安排,减少配网非计划停电、重复停电等引起的供电服务影响,切实保障配电网调度运行安全,制定本规定。

第二条 本规定配网特指中压配电网即 6～20 千伏电网,其主要由相关电压等级的架空线路、电缆线路、变电站、开关站、配电室、箱式变电站、柱上变压器、环网单元等组成。

第三条 本规定所称配网方式计划是指根据配电网运行检修、新改扩建工程或业扩工程需要,按照有关标准和规定,公司所属各级调控机构对于现在及未来一定时期内配网运行方式及调度计划的安排。

第四条 本规定规范了公司系统各部门(单位)配网方式计划管理的职责分工、方式安排原则、计划编制及执行、评价考核等要求。

第五条 本办法适用于公司系统各级调控机构 6～20 千伏配电网运行方式、调度计划管理工作。

第二章 职 责 分 工

第六条 国调中心是公司配网方式计划管理的归口部门,负责制定公司配网运行方式和调度计划管理制度、技术标准及工作流程,开展相关评价考核、监督工作。有关工作由国调中心技术处负责具体实施。

第七条 国网运检部负责配网运维检修工作管理制度、技术标准及工作流程的制定,开展相关评价考核、监督工作。

第八条 国网营销部负责配网业扩报装、客户管理等工作管理制度、技术标准及工作流程的制定,开展相关评价考核监督工作。

第九条 国网安质部负责配网检修现场的安全管理制度、技术标准及工作流程的制定，开展相关评价考核、监督工作。

第十条 省公司调控中心主要职责：

（1）贯彻执行国调中心下达的配网运行方式和调度计划管理制度、技术标准及工作流程，结合本省实际制定相关实施细则。

（2）对本省配网运行方式和调度计划进行专业指导、监督、评价与考核。

（3）组织各地市公司调控机构进行配网年度运行方式审查。指导各地调配网正常、检修及事故后运行方式安排。指导各地调组织（10千伏）或参与（380伏）分布式电源接入审查及运行管理。

（4）指导各地调开展配网调度计划安排工作。

（5）指导各地调开展配网设备异动调控相关工作。

（6）省调综合技术处是配电网方式计划管理的归口处室。

第十一条 省公司运检部主要职责：

（1）贯彻执行公司配网检修管理制度、技术标准，结合本单位实际制定相关实施细则。

（2）负责对本省配网运维检修工作进行专业指导、监督、评价与考核。

第十二条 省公司营销部主要职责：

（1）贯彻执行公司业扩报装、用户管理等制度、技术标准，结合本单位实际制定相关实施细则。

（2）负责对本省配网调度计划执行过程中的供电服务质量进行专业指导、监督、评价与考核。

第十三条 省公司安质部主要职责：

（1）贯彻执行公司配网检修现场的安全管理制度、技术标准，结合本单位实际制定相关实施细则。

（2）负责对本省配网安全预控措施落实情况进行专业指导、监督、评价与考核。

第十四条 地市供电企业调控中心主要职责：

（1）是市公司配网运行方式、调度计划管理的职能部门，执行上级调度下达的配网运行方式和调度计划管理制度、技术标准、工作流程及相关实施细则。

（2）编制本地区配网年度运行方式，安排正常、检修及事故后运行方式。结合配网实际运行情况，定期分析配网运行风险及薄弱环节，提出补强建议及安全预控措施，向公司规划、建设、运检等部门反馈相关信息。参与分布式电源接入审查，开展10（6）千伏分布式电源运行管理。

（3）定期组织召开地区配网调度计划平衡会，汇总、统筹、发布配网调度计划，对相关部门（单位）配网调度计划执行情况实施统计、分析、考核。负责配网调度计划撤销、调整及临时停电的审批，负责审批配网日前检修申请。

（4）参与本单位涉及配网的新改扩建工程、业扩方案审查。

（5）开展配网设备异动调控相关工作，监督相关部门及时上报异动设备运行参数，负责配网设备异动后电子接线图与GIS一致性审查工作。

第十五条 地市供电企业运检部主要职责：

（1）执行上级配网检修管理制度、技术标准及相关实施细则。

（2）负责编制配网检修计划，审核配网设备停电必要性、检修工期和停电范围合理性等内容，参与调度计划统筹，负责配网设备异动管理。

（3）负责相关系统中配网设备台账维护及时性和准确性，提供线路、变压器等允许载流能力。

（4）参与配网调度计划调整及临时停电的审批。

（5）负责根据电网运行风险预警落实相关安全预控措施。

第十六条 地市供电企业营销部主要职责：

（1）负责提报业扩工程、客户停电需配网线路配合的停电检修、启动送电计划。

（2）参与调度计划平衡，负责审查配网设备停电对重要客户的影响，制定相关措施，提出运行方式调整建议。

（3）根据各类已发布的调度计划及电网运行风险预警相关要求，及时通知客户，制定有序用电方案，督促客户落实安全预控措施。

（4）参与配网调度计划撤销、调整及临时停电的审批。

第十七条 地市供电企业安质部主要职责：

（1）负责对电网运行风险预控措施的落实情况进行监督、评价考核。

（2）参与调度计划平衡，参与配网调度计划调整及临时停电的审批。

第三章　配网运行方式管理

第十八条 配网年度运行方式编制原则：

配网年度运行方式编制应以保障电网安全、优质、经济运行为前提，充分考虑电网、客户、电源等多方因素，以方式计算校核结果为数据基础，对配电网上一年度运行情况进行总结，对下一年度配网运行方式进行分析并提出措施和建议，从而保证配电网年度运行方式的科学性、合理性、前瞻性。

第十九条 配网年度运行方式编制要求：

（1）应提前组织规划、建设、营销、运检等相关部门开展技术收资工作，保证年度方式分析结果准确。

（2）对于具备负荷转供能力的接线方式，应充分考虑配电网发生 $N-1$ 故障时的设备承载能力，并满足所属供电区域的供电安全水平和可靠性要求。

（3）应核对配电网设备安全电流，确保设备负载不超过规定限额。

（4）短路容量不超过各运行设备规定的限额。

（5）配电网的电能质量应符合国家标准的要求。

（6）配电网继电保护和安全自动装置应能按预定的配合要求正确、可靠动作。

（7）配电网接入分布式电源时，应做好适应性分析。

（8）配电网运行方式应与输电网运行方式协调配合，具备各层次电网间的负荷转移和相互支援能力，保障可靠供电，提高运行效率。

（9）各电压等级配电网无功电压运行应符合相关规定的要求。

（10）配网年度方式应与主网年度方式同时编制完成并印发，应对上一年配网年度方式提出的问题、建议和措施进行回顾分析，完成后评估工作。

第二十条　配网正常运行方式安排要求：

（1）配电网正常运行方式应与上一级电网运行方式统筹安排，协同配合。

（2）配电网正常运行方式安排，应结合配电自动化系统（DAS）控制方式，合理利用馈线自动化（FA）使配电网具有一定的自愈能力。

（3）配网正常运行方式的安排应满足不同重要等级客户的供电可靠性和电能质量要求，避免因方式调整造成双电源客户单电源供电，并具备上下级电网协调互济的能力。

（4）配电网的分区供电。

配电网应根据上级变电站的布点、负荷密度和运行管理需要，划分成若干相对独立的分区配电网，分区配电网供电范围应清晰，不宜交叉和重叠，相邻分区间应具备适当联络通道。分区的划分应随着电网结构、负荷的变化适时调整。

（5）线路负荷和供电节点均衡。

应及时调整配电网运行方式，使各相关联络线路的负荷分配基本平衡，且满足线路安全载流量的要求，线路运行电流应充分考虑转移负荷裕度要求；单条线路所带的配电站或开关站数量应基本均衡，避免主干线路供电节点过多，保证线路供电半径最优。

（6）固定联络开关点的选择。

原则上由运维部门和营销部门根据配网一次结构共同确定主干线和固定联络开关点。优先选择交通便利，且属于供电公司资产的设备，无特殊原因不将联络点设置在用户设备，避免转供电操作耗费不必要的时间；对架空线路，应使用柱上开关，严禁使用单一刀闸作为线路联络点，规避操作风险；联络点优先选择具备遥控功能的开关，利于调度台端对设备的遥控操作。因特殊原因，主干线和固定联络开关点发生变更，调度部门应及时与运维部门和营销部门重新确定主干线和联络开关点。

（7）专用联络线正常运行方式。

变电站间联络线正常方式时一侧运行，一侧热备用，以便于及时转供负荷、保证供电可靠性。

（8）转供线路的选择。

配网线路由其他线路转供，如存在多种转供路径，应优先采用转供线路线况好、合环潮流小、便于运行操作、供电可靠性高的方式，方式调整时应注意继电保护的适应性。

（9）合环相序相位要求。

配网线路由其他线路转供，凡涉及合环调电，应确保相序一致，压差、角差在规定范围内。

（10）转供方式的保护调整。

拉手线路通过线路联络开关转供负荷时，应考虑相关线路保护定值调整。外来电源通过变电站母线转供其他出线时，应考虑电源侧保护定值调整，被转供的线路重合闸停用、联络线开关进线保护及重合闸停用。

（11）备自投方式选择。

1）双母线接线、单母线分段接线方式，两回进线分供母线，母联／分段开关热备用，备自投可启用母联／分段备投方式。

2）单母线接线方式，一回进线供母线，其余进线开关热备用，备自投可启用线路备投方式。

3）内（外）桥接线、扩大内桥接线方式，两回进线分供母线，内（外）桥开关热备用，备自投可启用桥备投方式。

4）在一回进线存在危险点（源），可能影响供电可靠性的情况下，其变电站全部负荷可临时调至另一条进线供电，启用线路备自投方式。待危险点（源）消除后，变电站恢复桥（母联、分段）备自投方式。

5）具备条件的开关站、配电室、环网单元，宜设置备自投，提高供电可靠性。

（12）电压与无功平衡。

1）系统的运行电压，应考虑电气设备安全运行和电网安全稳定运行的要求。应通过 AVC 等控制手段，确保电压和功率因数在允许范围内。

2）应尽量减少配电网不同电压等级间无功流动，应尽量避免向主网倒送无功。

第二十一条 检修情况下运行方式安排要求：

检修情况下的配电网运行方式安排，应充分考虑安全、经济运行的原则，尽可能做到方式安排合理。

1. 线路检修

（1）为保证供电可靠性，线路检修工作优先考虑带电作业。需停电的工作应尽可能减少停电范围，对于无工作线路段可通过其他线路转供方式，并应在检修工作结束后及时恢复正常方式。

（2）不停电线路段由对侧带供时，应考虑对侧线路保护的全线灵敏性，必要时调整保护定值。

（3）上级电网中双线供电（或高压侧双母线）的变电站，当一条线路（或一段母线）停电检修时，在负荷允许的情况下，优先考虑负荷全部由另一回线路（或另一段母线）供电，遇有高危双电源客户供电情况，应尽量通过调整变电站低压侧供电方式，确保该类客户双电源供电。

2. 变电站主变压器检修

上级电网中两台及以上主变压器（或低压侧为双母线）的变电站当一台主变压器检修（或一段母线停电检修），在负荷允许的情况下，优先考虑负荷全部由另一台主变压器供电。遇有高危双电源客户供电情况，应尽量通过调整变电站低压侧供电方式，确保该类客户双电源供电。

3. 变电站全停检修

（1）上级电网中变电站全停时，需将该站负荷尽可能通过低压侧移出，如遇负荷转移困难的，可考虑临时供电方案，确无办法需停电的应在月度调度计划上明确停电线路名称及范围。

（2）变电站全停检修时，应合理安排方式保证所用电的可靠供电。

4. 检修调电操作要求

进行调电操作应先了解上级电网运行方式后进行，必须确保合环后潮流的变化不超过继电保护、设备容量等方面的限额，同时应避免带供线路过长、负荷过重造成线路末端电压下降较大的情况。

第二十二条 事故情况下运行方式安排要求：

（1）事故处理的一般原则。

1）上级电网中双线供电（或高压侧双母线）的变电站，当一条线路（或一段母线）故障时，在负荷允许的情况下，优先考虑负荷全部由另一回线路（或另一段母线）供电，并尽可能兼顾双电源客户的供电可靠性。

2）上级电网中有两台及以上变压器（或低压侧为双母线）的变电站当一台变压器故障时，在负荷允许的情况下，优先考虑负荷在站内转移，并尽可能兼顾双电源客户的供电可靠性。

3）故障处理应充分利用配电自动化系统，对于故障点已明确的，调度员可立即通过遥控操作隔离故障点，并恢复非故障段供电，恢复非故障段供电时也应优先考虑可以遥控调电的电源。

（2）因事故造成变电站全停时，优先恢复所用电。

（3）线路故障在故障点已隔离的情况下，尽快恢复非故障段供电。转供时应避免带供线路及上级变压器过负荷的情况。

第二十三条 新设备启动安排要求：

（1）配网设备新改扩建工程投产前，应由运维管理部门提前向调控机构报送投产资料，资料应包括设备的相关参数、设备异动的电气连接关系等内容。

（2）业扩报装工程投产前，应由营销部门提前向调控机构报送投产资料，资料应包括设备的相关参数、设备异动的电气连接关系等内容。

（3）为处置配电网设备危急缺陷，更换相关设备的工作，运维管理部门应在设备投产后 2 日内向调控机构补报投产资料，完善相关流程。

（4）调控机构应综合考虑系统运行可靠性、故障影响范围、继电保护配合等因素，开展启动方案编制工作。

（5）调控机构依据投产资料编写启动方案，启动方案应包括启动范围、定（核）相、启动条件、预定启动时间、启动步骤、继电保护要求等内容。

（6）运维管理部门和营销部门应分别负责组织公司所属设备和客户资产设备验收调试和启动方案的准备工作，确保启动方案顺利执行。

（7）新设备启动过程中，如需对启动方案进行变更，必须经调控机构同意，现场和其他部门不得擅自变更。

第二十四条 分布式电源并网管理要求：

（1）调控机构应参与审查分布式电源接入系统方案，重点检查短路电流、无功平衡、一次接线方式、主要设备选型、涉网继电保护及安全自动装置配置、调度自动化与安全防护等内容。

（2）凡要求并入配网运行的分布式电源项目，不论其投资主体或产权归属，均应签订并网调度协议，满足并网运行条件后方可并网。

（3）新建分布式电源项目应在并网前向调控机构提供书面资料和有关电子文档并提出一次设备命名编号建议。

（4）调控机构应在分布式电源启动并网前10个工作日确定调度名称，下达调度管辖范围和设备命名编号。

（5）分布式电源项目关口电能计量装置安装、合同与协议签订后，调控机构负责组织相关部门，开展项目并网验收工作，出具并网验收意见。配合业主开展项目并网调试，双方确认项目满足要求后，项目转入并网发电运行。

第四章　配网调度计划管理

第二十五条 配网调度计划编制原则：

（1）月度计划以年度计划为依据，日前计划以月度计划为依据。

（2）配网建设改造、检修消缺、业扩工程等涉及地域范围内配网停电或启动送电的工作，均需列入配网调度计划。

（3）配网设备调度计划应按照"下级服从上级、局部服从整体"的原则，综合考虑设备运行工况、重要客户用电需求和业扩报装等因素，坚持一停多用，合理编制调度计划，主配网停电计划协同，减少重复停电，确保配网安全运行和客户可靠供电。

（4）在夏（冬）季用电高峰期及重要保电期，原则上不安排配网设备计划停电。

（5）配网计划停电应最大限度减少对客户供电影响，尽量避免安排在生活用电高峰时段停电。

第二十六条 配网调度计划编制要求：

（1）配网年度计划是停电工作开展的基础，运维检修部门、营销部门应综合考虑全年新改扩建工程、业扩报装工程编制年度检修计划，由调控机构进行综合平衡并于年底之前发布。

（2）调控机构应每月组织召开调度计划平衡会，相关部门（单位）应按要求提前向调控机构报送配网设备停电检修、启动送电计划。月度计划确定后以公文形式印发。

（3）调控机构应依据月度停电计划开展日前停电计划管理工作，批复相关单位检修申请，并进行日前方式安排。

（4）配网调度计划应明确计划停送电时间、计划工作时间、停电范围、工作内容和检修方式安排等内容，并按照工作量严格核定工作时间。

（5）应综合考虑客户用电需求和调度停电计划，做到客户检修计划与本单位调度计划同步，减少重复停电。

（6）配网新改扩建工程和业扩报装停送电方案必须经调控机构审查后，相关设备停电工作方可列入年（月）度停电计划。

（7）上级输变电设备停电需配网设备配合停电的，即使配网设备确无相关工作，应列入配网调度计划。

第二十七条 调度计划的执行与变更：

（1）配网月度计划应刚性执行。原则上不得随意变更，如确需变更的，应提前完成变更手续，并经地市公司分管领导批准。

（2）运维检修部门、营销部门应跟踪、督促物资及施工准备情况，在停电计划执行之前完成相关准备工作。

（3）计划停电工作，相关部门应在开工前 3 个工作日，向调控机构提交设备停电申请票。

（4）设备运维部门应严格按照调度计划批准的停电范围、工作内容、停电工期严格执行，不得擅自更改。

（5）未纳入月度停电计划的设备有临时停电需求时，相关部门（单位）应提前完成临时停电审批手续，并经分管领导批准。

（6）因客户、天气等因素未按计划实施的项目，原则上需取消该停电计划，另行履行调度计划签批手续。

（7）已开工的设备停电工作因故不能按期竣工的，原则上应终止工作，恢复送电。如确实无法恢复，应在工期未过半前向调控部门申请办理延期手续，不得擅自延期。

第二十八条 安全校核及风险防控：

调控中心应根据配网调度计划，做好电网安全校核，完善电网安全控制措施和故障处置预案。对可能构成《国家电网公司安全事故调查规程》规定七级及以上电网事件的设备停电计划，应采取措施降低事故风险等级。

第二十九条 分布式电源调度计划管理：

（1）分布式电源应严格执行调控机构下达的发电计划曲线（或实时调度曲线）。

（2）调控机构根据电网和分布式电源的实际情况，安全、经济安排并网分布式电源参与电力系统调峰、调频、调压、备用。并网分布式电源应按照值班调控员的指令执行。

（3）分布式电源应按规定向管辖调控机构报送检修计划，并按照调控机构下达的检修计划严格执行。

第五章 评 价 考 核

第三十条 国调负责对各省公司执行本管理规定的情况进行监督检查并评价考核。

第三十一条 省调负责建立配网方式计划管理的评价考核体系并对各市公司执行本管理规定的情况进行监督检查和评价考核。

第三十二条 各地调负责评价考核本单位配网方式计划执行情况，对相关单位提出考核建议，并定期通报。

第三十三条 配网调度计划执行情况指标主要包括：年度重复停电率、月度调度计划执行率、月度临时计划率、日计划检修申请按时完成率：

（1）年度重复停电率 = 当年重复停电的项目数 / 当年计划停电的项目数 ×100%（根据各省实际制定重复停电的标准及考核办法）。

（2）月度调度计划执行率 = 当月实际完成的计划项目数 / 当月计划项目数 ×100%。

（3）月度临时计划率 = 当月临时计划项目数 / 当月计划项目数（含周计划）×100%。

（4）日计划检修申请按时完成率 = 当月在批准时间内完成的检修单数 / 当月实际执行的检修单总数 ×100%。

第六章　附　　则

第三十四条 本规定由国调中心负责解释并监督执行。

第三十五条 本规定自下发之日起实行。

国调中心关于印发国家电网公司配网故障研判技术原则及技术支持系统功能规范的通知

（调技〔2015〕83号）

各省（自治区、直辖市）电力公司：

为加强配网抢修指挥业务管理，提升配网故障研判及抢修指挥工作效率，指导配网故障研判技术支持系统的同质化建设，切实提高公司系统配网抢修指挥业务的规范化水平，国调中心组织编制了《国家电网公司配网故障研判技术原则及技术支持系统功能规范》，请各单位遵照执行。

国调中心

2015 年 8 月 24 日

（此件发至收文单位所属各级单位）

附件

国家电网公司配网抢修故障研判技术原则
及技术支持系统功能规范

第一章 总 则

第一条 为明确配网故障研判的算法逻辑和功能需求，指导公司系统配网故障研判技术支持系统的同质化建设，提高公司系统配网抢修指挥业务的规范化管理水平，特制定本规范。

第二条 本标准涉及的相关技术原则和功能规范均需建立在营配调数据贯通的基础上。配网故障研判技术支持系统应采用规范通用的软硬件平台，根据各地区（城市）的配电网规模、可靠性要求、配网抢修指挥应用基础等情况，合理选择和配置软硬件。

第三条 本规范适用于国家电网公司所属各单位配网故障研判相关业务规划、设计、应用和验收。

第二章 研 判 原 则

第四条 信息来源准确性校验原则：

（1）主干线开关跳闸信息结合该线路下的多个配电变压器停电告警信息，校验主干线开关跳闸信息的准确性。

（2）分支线开关跳闸信息结合该支线路下的多个配电变压器停电告警信息，校验分支线开关跳闸信息的准确性。

（3）配电变压器停电告警信息通过实时召测配电变压器终端及该配电变压器下随机多个智能电表的电压、电流、负荷值来校验配电变压器停电信息的准确性。

（4）客户失电告警信息通过实时召测客户侧电能表的电压、电流、负荷值来校验客户内部故障或低压故障。

第五条 信息来源自动过滤原则：

各类告警信息推送到配网故障研判技术支持系统进行故障研判

前，需在已发布的停电信息范围内进行过滤判断。

第六条　信息交互的方式原则：

（1）信息交互基于消息传输机制，实现实时信息，准实时信息和非实时信息的交换，支持多系统间的业务流转和功能集成，完成配网故障研判技术支持系统与其他相关应用系统之间的信息共享。

（2）信息交互必须满足电力监控系统安全防护规定，采取安全隔离措施，确保各系统及其信息的安全性。

（3）信息交互宜采用面向服务架构（SOA），在实现各系统之间信息交换的基础上，对跨系统业务流程的综合应用提供服务和支持。

第七条　信息交互的一致性原则：

配网故障研判技术支持系统与相关应用系统的信息交互时，应采用统一交互原则，确保各应用系统对同一对象描述的一致性。

按照以上原则，展示如附件2所示的某公司配网故障研判技术支持系统框架图。

第三章　研　判　算　法

第八条　客户失电研判逻辑：

依据客户报修信息（见附件3），结合营配贯通客户对应关系，获取客户关联表箱及坐标信息，实现报修客户定位；依据电网拓扑关系由下往上追溯到所属配电变压器；召测客户电能表以及配电变压器的运行信息（见附件3），根据电能表以及配电变压器运行信息判断故障。如电能表运行正常，则研判为客户内部故障；如电能表能够召测成功，但运行异常，则研判为低压单户故障；如电能表召测失败、配电变压器运行正常，则报修为低压故障；如果配电变压器有一相或两相电压异常（电压约等于0），则研判为配电变压器缺相故障；如果配电变压器电压、电流都异常（电压、电流都约等于0），则研判为本配电变压器故障。

第九条　低压线路失电研判逻辑：

配网故障研判技术支持系统接收低压分支线开关跳闸或低压采集器失电告警信息后（见附件3），由下往上进行电源点追溯，获取同一时段下的公共低压分支线开关和联络开关状态信息，从上至下进行电网拓扑分析，生成停电区域。一旦报送的低压分支线开关跳闸或低压采集器失电告警信息数在预先设定的允许误报率范围内，则研判为该公共低压分支线失电，并生成分支线故障影响的停电区域；否则，研判为本低压分支线或低压采集器失电。

第十条　配电变压器失电研判逻辑：

针对配电变压器失电研判可通过以下两种情况实现，两种研判结果可作为相互校验的依据，并能实现研判结果的合并。第一种采用配电变压器故障信息直采（具体数据来源见附件1，数据要求见附件3），并从上至下进行电网拓扑分析；第二种未接收到配电变压器故障信息时，采用低压线路失电告警，由下往上进行电源点追溯到公共配电变压器，再由该配电变压器为起点，从上至下进行电网拓扑分析，生成停电区域。

（1）配网故障研判技术支持系统接收到配电变压器失电告警信息后（见附件3），由下往上进行电源点追溯，获取同一时段下多个配电变压器的公共分支线开关信息，再根据分支线开关和联络开关状态信息，从上至下进行电网拓扑分析，生成停电区域。一旦报送的失电配电变压器数量在预先设定的允许误报率范围内，则判断该分支线失电，并生成分支线故障影响的停电区域；否则，研判为本配电变压器失电。

（2）配网故障研判技术支持系统接收到低压线路失电告警后，由下往上进行电源点追溯，获取该低压线路所属配电变压器，以该配电变压器为起点从上至下进行电网拓扑分析，生成停电区域，如该配电变压器下所有的配电变压器低压出线失电，则研判为本配电变压器失电。

第十一条　分支、联络、分段开关失电研判逻辑：

针对分支线故障研判可通过以下两种情况实现，两种研判结果可作为相互校验的依据，并能实现研判结果的合并。第一种采用分支线故障信息直采（具体数据来源见附件1，数据要求见附件3），并从上至下进行电网拓扑分析；第二种未接收到分支线开关跳闸信息时，采用配电变压器停电告警，由下往上进行电源点追溯到公共分支线开关，再由分支线开关为起点从上至下进行电网拓扑分析，生成停电区域。

（1）配网故障研判技术支持系统接收分支线（联络线、分段）开关跳闸信息后（见附件3），根据电网拓扑关系，结合联络开关运行状态信息，从上至下分析故障影响的停电区域。

（2）配网故障研判技术支持系统接收多个配电变压器失电告警信息（见附件3）后，由下往上进行电源点追溯，获取同一时段下多个配电变压器的公共分支线开关，再根据分支线开关和联络开关状态信息，以公共分支线开关为起点，从上至下进行电网拓扑分析，生成停电区域。一旦报送的失电配电变压器数量在预先设定的允许误报率范围内，则研判为该分支线失电，并生成分支线故障影响的停电区域；否则研判为配电变压器失电。

第十二条 主干线开关失电研判逻辑：

针对主干线失电研判可通过以下两种情况实现，两种研判结果可作为相互校验的依据，并能实现研判结果的合并。第一种采用主干线开关跳闸信息直采（具体数据来源见附件1，数据要求见附件3），从上至下进行电网拓扑分析；第二种未接收到主干线开关跳闸信息时，采用多个分支线开关跳闸信息和联络开关运行状态，由下往上进行电源点追溯到公共主干线开关，再由该主干线开关为起点，从上至下进行电网拓扑分析，生成停电区域。

（1）配网故障研判技术支持系统接收主干线开关跳闸信息（见附件3）后，根据电网拓扑关系，结合联络开关运行状态信息，从上至下分析故障影响的停电区域。

（2）配网故障研判技术支持系统接收多条分支线失电信息（见附件3）后，由下往上进行电源点追溯，获取同一时段下多条分支线所属的公共主干线路开关，结合联络开关运行状态信息，根据电网拓扑关系，生成停电区域。一旦报送的该主干线路下分支线开关跳闸数量在预先设定的允许误报率范围内，则研判为主干线故障；否则研判为分支线失电。

第十三条 停送电信息编译：

通过选择主干线开关、分支线开关、配电变压器等配网设备，依据电网拓扑关系，结合联络开关运行状态信息，从上至下进行电网拓扑分析，研判停电影响的范围；同时根据研判生成的停电设备，结合营配贯通平台结构化地址信息、接入点对应关系信息，分析停电地理区域及停电影响客户信息。

第四章 系 统 建 设 要 求

第十四条 系统应满足标准型、可靠性、可用性、安全性、扩展性、先进性要求。

第十五条 系统对标准性的要求，主要包括但不限于如下条件。

（1）应采用开放式体系结构，提供开放式环境，支持多种硬件平台，应能在 UNIX、LINUX、WINDOWS 等主流操作系统中实现。

（2）系统图形、模型及对外接口规范等应遵循 IEC 61970 和 IEC 61968、GB/T 30149、DL/T 1230 等相关标准。

第十六条 系统对可靠性的要求，主要包括但不限于如下条件。

（1）系统选用的软硬件产品应经过行业认证机构检测，具有可靠的质量保证。

（2）系统关键设备应冗余配置，单点故障不应引起系统功能丧失和数据丢失。

（3）系统应能隔离故障节点，故障切除不影响其他节点的正常运行，故障恢复过程快速。

第十七条 系统对可用性的要求，主要包括但不限于如下条件。

（1）系统中的硬件、软件和数据信息应便于维护，有完整的检测、维护工具和诊断软件。

（2）各功能模块可灵活配置，模块的增加和修改不应影响其他模块正常运行。

（3）人机界面友好，交互手段丰富。

第十八条 系统对安全性的要求，主要包括但不限于如下条件。

（1）系统应满足《电力监控系统安全防护规定》及相关配套文件要求。

（2）系统应具有完善的权限管理机制，保证信息安全。

（3）系统应具备数据备份及恢复机制，保证数据安全。

第十九条 系统对扩展性的要求，主要包括但不限于如下条件。

（1）系统容量可扩充，可在线增加配电终端信息接入等。

（2）系统节点可扩充，可在线增加服务器和工作站等。

（3）系统功能可扩充，可在线增加新的软件功能模块。

第二十条 系统对先进性的要求，主要包括但不限于如下条件。

（1）系统硬件应选用符合行业应用方向的主流产品，满足配电网发展需求。

（2）系统支撑和应用软件应符合行业应用方向，满足配网应用功能发展。

（3）系统构架和设计思路具有前瞻性，满足配电网技术发展的需求。

第五章　系　统　功　能　规　范

第二十一条 工单处理：

（1）业务处理。可接收国网 95598 下发的所有故障报修工单并进行业务处理，具体环节为接单、派单、到达、查勘、处理、确认、归档；通过故障研判可手动或自动生成主动抢修工单并进行业务处理，具体环节为派单、到达、查勘、处理、确认、归档。

（2）短信通知。在抢修工单下派、抢修到达现场、抢修复电三个关键点自动或手动触发短信通知客户；同时报修工单下派抢修队后自动触发短信通知。

（3）工单合并。95598 工单、主动抢修工单可根据报送的故障停电范围进行合并，同时限制 95598 工单合并后不能拆分；95598 工单与主动抢修工单合并时，只能以 95598 工单为主单，避免拆分后影响国网工单指标。

（4）声音提醒。抢修工单处理过程中，提供派单、到达、抢修完成等各处理环节的声音提醒及提醒窗等提醒功能，同时针对派单、到达、抢修完成等重要环节即将超时工单的进行声音及文字提醒。

（5）抢修单位选择。根据故障设备维护的管辖单位，自动筛选出该单位下可派发的抢修班组信息。

第二十二条 抢修指挥监控及统计分析：

（1）监控 95598 工单、主动抢修工单的实时状态及日完成情况，查看工单内容、工单处理人、各环节处理时长及现场图片资料等。

（2）监控抢修人员工单处理情况、抢修人员位置。

（3）监控单日计划停电和故障停电信息，包括停电设备、停电范围及停电影响客户等。

（4）配置工单超时预警窗口。

（5）设备运行工况、消息实时推送服务监控及异常提醒功能。

（6）按时间、故障类型等分类统计分析 95598 工单，主动抢修工单的执行处理情况，并导出报表功能。

第二十三条 计划停送电信息管理：

（1）通过选择开关和变压器进行下游设备拓扑分析电网设备的停电范围。根据低压表箱与电子地图的地物关联关系在地理图中用绿色渲染停电区域，实现停电范围的精确定位。

（2）通过选择开关和变压器设备进行下游设备拓扑分析分析出停电客户，并且需要区分低压和中压客户。

（3）对停电客户的地址信息进行归类简化，形成文字描述，精确分析停电客户的范围，提高公告精确度。

（4）系统支持手动生成临时停电信息，并发送 95598 系统。

（5）本地区的计划停电信息在抢修平台分析汇总后提前 7 天系统发送至 95598 系统。

（6）支持计划停电的变更，如计划延后、取消等。

第二十四条 故障停送电信息管理：

（1）可通过配网单线图选择停电设备进行拓扑分析及拓扑动态着色功能，同时自动生成停电范围，人工补充相关必要信息，发布故障停电信息，故障处理结束后，向 95598 业务系统反馈送电信息。

（2）可依据总线故障跳闸告警、配电变压器停电告警、故障指示器短路告警等信息自动生成故障停电信息，包括停电设备、停电区域、停电原因等内容，人工确认后发布停电信息。故障工单处理完成后，自动向 95598 业务系统报送送电信息。

（3）在停电预计结束时间前，系统提供延时送电预警。

第二十五条 辅助研判：

通过各种手段研判供电路径（电能表、表箱、配电变压器、线路、变电站），并应用研判结果，过滤重复报修工单，辅助工单合并。

（1）综合配电变压器终端停电信息、开关跳闸信号、计划停电信息，主动分析配网故障及影响范围。

（2）使用结构化地址研判出工单的供电路径；报修客户提供户号的情况下，自动分析该工单的供电路径。

（3）受理客户报修时，利用结构化地址分析出供电路径后，判断该供电路径是否在已知停电范围内；报修客户提供户号的情况下，自动判断该客户是否在已知停电范围内。

（4）对已分析出同一停电区域或供电路径的 95598 工单按供电区域和路径进行合并。

（5）实现用采系统中低压电能表、配电变压器的实时数据召测，辅助故障研判。

附件1：配网故障研判技术支持系统所需信息来源

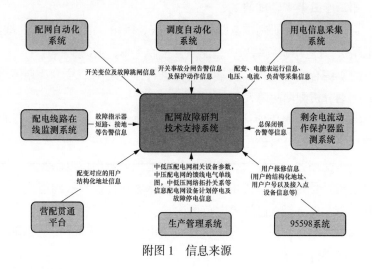

附图1 信息来源

附表 1 业务管理应用系统主动推送到配网故障研判技术支持系统的信息

信息内容	设备模型	信息来源	应用模块
客户报修信息，包括客户的结构化地址、客户号以及接入点设备信息等	客户	95598 系统	工单处理、辅助研判、监控及统计分析
配电变压器、电能表运行信息、电压、电流、负荷等采集信息	智能电表　配电变压器	用电信息采集系统	辅助研判、停送电信息管理、监控及统计分析
剩余电流动作保护器的闭锁告警等信息。	剩余电流动作保护器	剩余电流动作保护器监测系统	辅助研判、停送电信息管理、监控及统计分析
分支、联络、分段开关故障跳闸信息及中压配电网 [包括 10（20）千伏] 开关状态信息	分支、联络、分段开关	配网自动化系统	辅助研判、停送电信息管理、监控及统计分析
配电线路故障指示点各监测点的电流、电压数据、线路接地、短路故障的发生地点、发生时间等信息	故障指示器	配电线路在线监测系统	辅助研判、停送电信息管理、监控及统计分析
中压配电网 [包括 10（20）千伏] 开关事故分闸告警信息、保护动作等信息	变电站主线开关	调度自动化系统	辅助研判、停送电信息管理、监控及统计分析

附表 2   配网故障研判技术支持系统从业务管理应用系统获取的信息

信息内容	信息来源	应用模块
中低压配电网［包括 380/220 伏，10（20）千伏］相关设备参数，中压配电网［包括 10（20）千伏］的馈线电气单线图，中低压网络拓扑关系等信息；配电网设备计划、故障停电信息，包括停送电时间，停电设备等信息	生产管理系统	辅助研判、停送电信息管理、监控及统计分析
配电变压器对应的用户结构化地址信息	营配贯通平台	辅助研判、停送电信息管理、监控及统计分析

附件2：平台部署案例

以下为某公司配网故障研判技术支持系统框架图。系统部署框架主要由企业数据总线、电网拓扑分析服务、电网 GIS 空间信息服务、平台基础服务和应用组成，通过信息交换总线集成其他外围相关业务信息交互，实现故障研判功能（见附图2）。

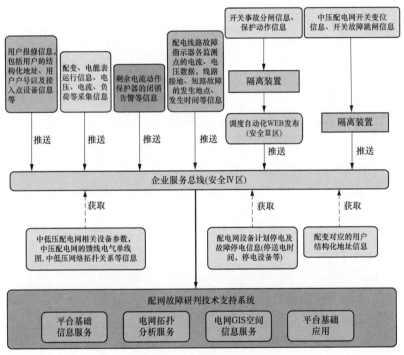

附图2　平台部署模型框架图

附件3：数　据　要　求

附表3　　　　　　　　　　客户信息数据项表

序号	名称	数据项
1		户号
2		户名
3		间隔 ID
4		用电地址（结构化地址）
5		用电地址编码（符合国网七级编码规范）
6		联系电话
7	报修客户信息	客户分类
8		运行容量
9		表箱资源编码
10		表箱名称
11		接入点资源编码
12		接入点名称
13		重要性等级
14		是否敏感客户

附表4　　　　　　　　　　主干线开关跳闸数据项表

序号	名称	数据项
1		开关 ID
2		厂站名称
3		线路名称
4	主干线开关跳闸信息	发生时间
5		故障内容
6		开关状态
7		告警类型

附表 5　　　　　　　分支线开关跳闸数据项表

序号	名称	数据项
1	分支线开关跳闸信息	开关 ID
2		发生时间
3		开关状态

附表 6　　　　　　配电变压器失电告警数据项表

序号	名称	数据项
1	配电变压器失电信息	配电变压器终端局号
2		配电变压器 ID
3		停电发生时间
4		复电发生时间
5		告警类型

附表 7　　　　　　　　保护器闭锁数据项表

序号	名称	数据项
1	剩余电流保护器动作信息	剩余电流保护器终端局号
2		配电变压器 ID
3		闭锁发生时间
4		复电发生时间
5		告警类型

附表 8　　　　　　在线监测终端故障告警数据项表

序号	名称	数据项
1	故障指示器动作信息	故障指示器终端局号
2		线档 ID
3		翻牌发生时间
4		复牌发生时间
5		告警类型

附表 9　　　　　　配电变压器运行信息数据项表

序号	名称	数据项
1	配电变压器运行信息	配电变压器终端局号
2		配电变压器 ID
3		三相电流值
4		三相电压值

附表 10　　　　　　电能表运行信息数据项表

序号	名称	数据项
1	电能表运行信息	电能表终端局号
2		计量点 ID
3		电流值
4		电压值

附表 11　　　　　　计划停送电信息数据项表

序号	名称	数据项
1	计划停送电信息	计划停电编号
2		停电地理区域
3		停电设备清单
4		计划停电开始时间
5		实际复电时间
6		计划停送电状态

附表 12　　　　　　故障停送电信息数据项表

序号	名称	数据项
1	故障停送电信息	故障停电编号
2		停电地理区域
3		停电设备清单
4		故障停电开始时间
5		实际复电时间
6		故障停送电状态

178